工 业 设 计 专 业 系 列 教 材

产品创新设计与思维

Innovative Design and Thinking of Product

张琲 编著

中国建筑工业出版社

图书在版编目(CIP)数据

产品创新设计与思维/张琲编著. —北京：中国建筑工业
出版社，2005

（工业设计专业系列教材）

ISBN 7-112-07223-9

Ⅰ. 产... Ⅱ. 张... Ⅲ. 工业产品—设计—高等学
校—教材 Ⅳ. TB472

中国版本图书馆 CIP 数据核字（2005）第 105162 号

责任编辑：李晓陶 李东禧
责任设计：孙 梅
责任校对：关 健 王雪竹

工业设计专业系列教材

产品创新设计与思维

Innovative Design and Thinking of Product

张琲 编著

*

中国建筑工业出版社出版(北京西郊百万庄)
新华书店总店科技发行所发行
北京天成排版公司制版
北京二二〇七工厂印刷

*

开本：787×960 毫米 1/16 印张：8¾ 字数：300 千字
2005 年 11 月第一版 2006 年 7 月第二次印刷
印数：3001—4500 册 定价：**36.00** 元
────────────────────
ISBN 7-112-07223-9
TU・6451(13177)

在科学技术迅猛发展、国际化的市场竞争愈趋激烈的今天，产品创新是一切企业活动的核心和出发点，是企业赖以生存和发展的基础。

今天产品创新所面临的问题更加复杂化、系统化，设计是不能靠设计师的灵感闪现一蹴而就，这样是很难客观地把握、解决设计问题的实质。因此，设计师要掌握科学的认识一切人为事物的方法，使设计过程能够科学地、有序地解决产品创新问题。本书选题源于此，全书共分七章，介绍了设计思维、设计方法、产品创新设计和产品设计实践案例等。在编写过程中力争图文的丰富组合，使过程性、资料性与可读性相结合。

本书可作为工业设计专业教学参考书或教科书选用，也可供广大的工业设计人员和相关的技术人员参考。

《工业设计专业系列教材》编委会

序

工业设计学科自 20 世纪 70 年代引入中国后，由于国内缺乏使其真正生存的客观土壤，其发展一直比较缓慢，甚至是停滞不前。这在一定程度上决定了我国本就不多的高校所开设的工业设计成为冷中之冷的专业。师资少、学生少、毕业生就业对口难更是造成长时期专业低调的氛围，严重阻碍了专业前进的步伐。这也正是直到今天，工业设计仍然被称为"新兴学科"的缘故。

工业设计具有非常实在的专业性质，较之其他设计门类实用特色更突出，这就意味此专业更要紧密地与实际相联系。而以往，作为主要模仿西方模式的工业设计教学，其实是站在追随者的位置，被前行者挡住了视线，忽视了"目的"，而走向"形式"路线。

无疑，中国加入世界贸易组织，把中国的企业推到国际市场竞争的前沿。这给国内的工业设计发展带来了前所未有的挑战和机遇，使国人越发认识到了工业设计是抢占商机的有力武器，是树立品牌的重要保证。中国急需自己的工业设计，中国急需自己的工业设计人才，中国急需发展自己的工业设计教育的呼声也越响越高！

局面的改观，使得我国工业设计教育事业飞速前进。据不完全统计，全国现已有近二百所高校正式设立了工业设计专业。就天津而言，近两年，设有工业设计专业方向的院校已从当初的一两所，扩充到现今的十余所，其中包括艺术类和工科类，招生规模也在逐年增加，且毕业生就业形势看好。

为了适应时代的信息化、科技化要求，加强院校间的横向交流，进一步全面提升工业设计专业意识并不断调整专业发展动向，天津高等院校的工业设计专业联合，成立了工业设计专业学术委员会。目前各院校的实践教学、学术研讨、院校交流已明显体现出学科发展、课程构成及课程内容上的新观点，有的已形成系统化知识体系。

为推广我们在工业设计专业上的新理念、新观点，发展和提升工业设计水平，普及工业设计知识，天津市工业设计专业学术委员会决定编写系列教材由中国建筑工业出版社出版问世，以飨读者。书中各部分选题均是由编委会集体几经推敲而定，编写按照编写者各自特长分别撰写或合写而成。由于时间紧，而且我们对工业设计专业的探索和研究还在进行，书中不免有疏漏或过于浅显之处，敬请同行指正。再次感谢参与此套教材编写工作的老师们。真心希望书中的观点和内容能够引起后续的讨论和发展，并能给学习和热爱工业设计专业的人士一些帮助和提示。

2005 年 1 月

目　录

第一章 绪论

1.1 创新是企业的灵魂

当今世界科学技术突飞猛进，知识经济初见端倪，新兴产业的兴起主要靠的是知识的创新。创新已愈来愈从偶然性走向必然性，人类从来没有像今天这样把力量集中在对创新的追求上。创新已成为当今社会生产力的解放和发展的重要基础和标志，在推动社会进步、经济发展上起着重要的作用。

处于全球经济一体化的今天，市场竞争愈趋激烈。自中国加入世贸组织，中国企业面临改革创新的压力与日俱增。一个企业所制造的产品是企业赖以生存和发展的基础，企业所追寻的各种目标都依赖于产品。一个企业若拥有好的、受市场欢迎的产品，企业就能进入良性循环不断发展、壮大。任何一个企业的产品在激烈的市场竞争中所占优势都是相对的、暂时的，因无情的市场竞争正在迅速缩短产品的生命周期。企业只有源源不断的开发新产品，才能在国内外市场立于不败之地。在创新这一点上日本企业做得非常成功，像索尼公司开发的风靡全球的随身听，它没有重大的科技突破，只是小的技术改进，但却使饱和的录音机市场打开新的发展机遇，为企业带来滚滚利润。还有诺基亚企业，平均每35天就推出一款新型手机，像可换彩壳、个性化铃声等都是由诺基亚企业率先推出的。诺基亚企业凭借充满灵感的设计和不断推陈出新的产品，迅速从强大的竞争对手中夺取自己的市场份额，使其移动电话市场占有率是其他四大竞争对手的总合。正如诺基亚首席执行官奥利拉所说："我们的行业没有停止不前，我们正投资于未来。"研发是创新的原动力，创新是提高竞争力的有效手段。若想在激烈的市场竞争中生存下去，惟一途径就是永远创新、永远走在别人的前面；不能有片刻的放松，以产品创新抢占市场制高点。这就是诺基亚企业成功的秘诀。同样苹果电脑公司一开始就密切关注每个产品的细节设计，始终认为优秀的设计是企业的一项战略，从而成了有史以来最有创意的设计组织。

因此，创新对于一个企业来说具有非同寻常的意义，它是企业的灵魂，是企业生存、发展的关键；是企业永保青春活力，永远不枯竭的动力所在。否则企业就会走下坡路，甚至被淘汰。

1.2 何谓创新

创新的提出始于20世纪初，它的概念是由著名的美国经济学家熊彼特在出版《经济发展理论》一书中提出"创新是生产要素的重新组合"。它包含以下五方面：1）引入新的产品；2）引入新的经验、知识和操作技巧；3）掌握住原材料新的来源途径；4）开辟新市场；5）实现工业的重新组合。

1.3 产品设计

产品在《现代汉语词典》中定义为生产出来的物品，即指工业化批量生产出来的物品。产品是根据社会和人们的需要，通过有目的的生产创造出来的物品。它是人类智慧的产物。产品对于市场来讲，它是商品；对于使用者来讲，它是用品。今天的产品竞争已不仅仅是技术竞争，更是设计的竞争。产品设计是企业营销宝库中最厉害的竞争武器之一。一个好的设计不仅使产品具有美观的外形，而且还能提高产品的实用性能。因此，设计需融合自然科学和社会科学中的众多学科知识（如图1-1），要从现代科技、经济、文化、艺术等角度对产品的功能、构造、形态、色彩、工艺、质感、材料等各方面进行综合处理，以满足人们对产品的物质功能和精神功能的需求。从而为人类创造一个更合理、更完善的生存空间。

一个好的设计能够吸引顾客的注意力，增加产品的价值，在目标市场上具有强有力的竞争优势。如吉列一直把设计看作是一门高级艺术，其德国Brawn公司设计的咖啡壶、吹风机、电动剃须刀等小型家电成为畅销产品。再如来自法国的Tribord FLP 500潜水脚蹼采用椭圆形镂空设计，如图1-2，能减少水的阻力，使潜水更轻松。

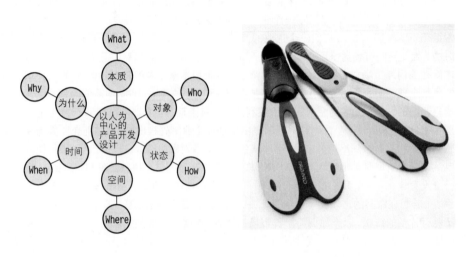

图1-1   图1-2

1.4　做成功的产品设计师

在我们日常生活中每一个产品都凝聚着设计师的创造，设计的过程是创新的过程，创新是设计师的最大财富。通过设计师的创造不断地改变着人类的生活方式，使人们的生活更加合理、舒适、安全。设计师不能脱离生活，因灵感不会从天而降，很多灵感和发现都来源于生活，需要从生活中去挖掘、去碰触、去体味，才能激发出创意的火花，因此生活是设计的源泉。设计师应始终保持一个开放、新鲜的头脑，注意各方面素质的培养。设计师不仅是技能的运用者，而更应是知识的整合者；这里的知识指的是多学科的文化素养、合理的知识结构，是科学和艺术两大方面的结合。

产品设计几乎涉及所有学科，像材料学、色彩学、人机工程学、生理学、心理学、市场学、仿生学等方面的知识，同时，设计师更需要有高雅的艺术品位和丰富的艺术知识。因此，设计师只有在精通这些知识的基础上，才能不断推陈出新，创作出更具魅力的产品。因此，一个成功的产品设计师应具有良好的技能、艺术素养、文化素养、广博的知识以及创新能力。

第二章　产品的创新

在科技高速发展的今天，知识和知识创新的作用超过了土地、资本和劳动。已成为最重要的生产要素。众所周知，产品是一切企业活动的核心和出发点，是企业赖以生存和发展的基础。企业的各种目标如市场占有率、利润等都依赖于产品本身。一个企业如果有了好的、深受市场欢迎的产品，企业就会迅速发展；否则企业就会走下坡路，甚至遭受灭顶之灾。

无论何时，一个企业所拥有的产品优势都只是暂时的、相对的。如20世纪的海欧牌手表，飞鸽、永久、凤凰牌自行车，北京牌彩电等等这些国产名牌产品如今已失去往日的辉煌。其关键所在就是产品墨守成规，企业不能及时开发出新的产品，使产品逐渐失去竞争优势。如今国际化市场竞争日趋激烈，科学技术的迅猛发展，任何一个产品的生命周期都是非常有限的，任何现存的市场份额都是不可靠的。产品的优势越来越短暂，一切产品都处于激烈的竞争之中。若没有持续的产品创新，企业很难保持自己的竞争地位。因此，产品创新对企业来说具有非常重要的意义，它根据未来发展变化，改善企业的产品结构和经营状况，是企业竞争制胜的法宝。如联想集团不断开发新产品，像显卡、主机等的产品创新带动企业滚动发展并勇于参与国际竞争。

2.1　产品创新的概念

随着科学技术的发展和知识经济的到来，创新已从过去的偶然性发展到今天的必然性。人类从没有像今天这样把精力集中于对创造力的追求上。企业从来没有像今天这样切身体会到产品创新已经成为企业生存和发展的最关键因素，可以说没有创新就没有企业的发展，也就没有社会经济的发展。

有关创新的论述始于20世纪初，由著名的美国经济学家熊彼特最早运用于经济学分析中。彼特在著作《经济发展理论》一书中提出了"创新"，并认为创新是"企业家对生产要素的重新组合"。那么，产品创新又是什么呢？我们把产品创新概要地定义为：新产品在经济领域中的成功运用。包括对现有生产要素进行重新组合而形成新的产品的活动。全面地讲，产品创新是一个全过程的概念，既包括新产品的研究开发过程，也包括新产品的商业化扩散过程。

2.2　产品创新的特征

一般而言，产品创新具有收入的非独占性，不确定性，市场性和系统性等特征。下面具体的讲一下。

2.2.1　创新收入的非独占性

所谓非独占性是指创新者很难获取创新活动中所产生的全部收入。当一个新产品的技术、配方、外观等不足以抵挡竞争对手的模仿时，创新所带来的竞争优势就是暂时的，市场份额就会被竞争对手瓜分，这就造成了产品收入的非独占性。 如一新型饮料的诞生，其配方便是一种知识。知识的复制要比知识创新容易的多，若这种饮料畅销，会导致其他厂家通过正常或非正常的手段获取这种新配方，也生产这种饮料或其变种。这就造成了产品创新收入的非独占性。

2.2.2　产品创新的不确定性

首先，开发的不确定性。创新是一种失败率高、成功率低的游戏，一个新产品的开发要经过成百上千次的实验、探索，才能成功。如彼若兄弟做过351次设计，终于发明了圆珠笔。其次，市场的不确定性。一个新产品从立项到最终研制成功有时需经历很多年，如药方的研制常需10年以上的时间，在这样一段时期里市场会发生很大变化，这包括竞争对手有可能先于自己而将新产品投向市场，或者是人们的消费观念已发生变化。这既可能使新产品一开发成功就被市场淘汰，也可能会取得意想不到的市场成功。

2.2.3　产品创新的市场性

产品创新活动与科学技术的根本区别就是对市场的强调。产品创新活动始终是围绕着市场目标进行的，强调的是市场价值；纯粹的技术突破不属于产品创新。像美国航天飞机至今为止仍属于科学技术范畴，而不是产品创新。国内许多企业在引进技术或开发新产品时，注重的是技术而漠视对市场的研究，导致创新失败。我国的科技成果很多，但有产业化价值的成果却很少，就是因为科研中不注重与市场联系。

2.2.4　产品创新的系统性

产品创新的系统性包含两方面含义，一方面是产品创新要求企业内部各个部门的密切配合。如研究开发部与生产、销售部门的配合。另一方面是指产品创新的实现依赖企业外部环境的密切配合。这包括经济、政治以及与创新相关的其他产业的技术水平等。

2.3　产品创新的类型

产品创新可以有很多不同的分类方法。在这里我们把产品创新分为构造式创新、空缺式创新、改进式创新和根本式创新。

2.3.1　构造式创新

构造式创新多是由技术突破所导致的，是技术与市场需要巧妙结合的产物；为产品、市场和用户之间形成新的连接方式。构造式创新为创新者建立了显赫的市场地位，它的突出特征是新产业的创造以及老产业的重塑。如电子表与机械表的结构。

2.3.2　空缺式创新

空缺式创新是使用现有技术打开新的市场机会。如索尼公司的随身听就是空缺式创新的例子。它把轻便式耳机与录音机结合起来使用，使现有的技术在个人音响产品市场中创造了一个新的空缺市场。诺基亚8110是第一部能够用同一电话提供简体和繁体两种中文短信服务的手机，从而打开了中国这个特殊市场。这类产品创新对产品进行稳定、细腻的细化改进或改变使之支撑新市场向纵深发展，促使销售最大化。在某种情况下空缺式创新只涉及较小的技术变化，因此对生产系统和技术知识的影响是渐进的。但这类产品创新也常常能导致意义重大的新产品。值得注意的是技术上的变化引起市场的巨变，而这种技术又不足以抵挡竞争对手的模仿，那么从这种创新中得到的优势只是暂时的，因此掌握创新时机和快速反应才能保持企业的竞争地位。

2.3.3　改进式创新

我们所说的改进式创新几乎是看不见的，但是他对产品的成本和性能有着巨大的累计性效果。改进式创新是建立在现有技术、生产能力、现有的市场和顾客的变化之上的，这些变化的效果加强了现有技能和资源，与其他类型的创新相比，改进式创新更多地受到经济因素的驱动。

虽然单个看每个创新所带来的变化都很小，但它们的累积效果常常超过初始创新。美国汽车业的T型车早期价格的降低和可靠性的提高就呈现了这种格局。从1908年到1926年汽车价格从1200美元降到290美元，而劳动生产率和资本生产率都得到了显著的提高，成本的降低究竟是多少次工艺改进的结果连福特本人也数不清，他们一方面通过改进焊接，铸造和装配技术以及新材料的替代来降低成本，另一方面他们还通过改进产品设计提高了汽车的性能和可靠性，从而使T型车在市场上更具吸引力。

虽然某个特定的改进式创新所产生的进步微不足道，但持续进行这类产品的创新就能开创出一番事业，从而实质性地改变企业获取竞争优势的方式。

2.3.4　根本式创新

根本式创新是指企业首次向市场导入的，能对经济产生重大影响的创新产品或新技术。根本式创新包括全新的产品或采用与原产品技术完全不同技术的产品。比如纳米技术、彩屏手机、计算机、MP3播放器等。根本式创新的产品和技术的出现会对市场占有率产生巨大影响。

根本式创新与科学上的重大发现息息相关，创新进程往往要经历很长时间，并在经受其他各种程度创新的不断充实和完善的同时，它也会引发出大量的其他创新。根本性创新能以某种方式使某一老的产业重新成长，充满活力，也能以类似的方式创造新的产业从而以规模经济产生较大的溢出效应和外部性。无论是产生新产业还是改造老产业，根本性创新都是引起产业结构变化的决定性力量。

2.4　产品创新的意义
2.4.1　保持产品的竞争优势

今天由于消费者的品位、技术和竞争的快速变化，迫使企业必须不断的开发新产品。创新是新产品开发的灵魂。产品创新最简洁和最有效的途径就是把知识应用于生产领域中，建立一个有效的开发机制，为企业的新产品开发提供思路、途径和组织保证。

没有产品创新思想，企业只会停留在原有产品的基础上，面对飞速发展的市场无能为力，最终被淘汰出局。企业一旦有了明确的创新规划，就能未雨绸缪大胆开拓，创造出顾客满意的新产品，提高产品的竞争力，才能保持产品的竞争优势赢得最后的胜利。正如诺基亚认为若想在激烈的市场竞争中生存下去，惟一途径就是永远走在别人前面。正是基于这种思想，移动电话很多新的功能，都是由诺基亚第一个推出的。

2.4.2　产品创新提高企业形象

　　一个产品的创新若能受到用户的普遍欢迎，不仅能挽救企业的生命，也提高了企业在用户心目中的形象。

2.4.3　产品创新是社会经济发展的动力

　　产品创新是产业迅速崛起的资本，创新既可能是重大的科技突破，也可能是小小的技术改进。这些创新都蕴含了大大的商机，对经济增长相当重要，推动了社会经济的发展。在这一点上日本做得非常成功，如随身听、掌中宝等，这些创新产品为日本带来新的商机，带来滚滚利润。

第三章　思维的分类

思维是人类特有的一种精神活动，是人脑对客观事物的间接和概括的反映。思维活动是在创新主体与客体相互作用中进行，它是对客观事物进行分析、综合、判断、推理等的认识活动。而如何在今天的市场经济条件下有效的创新，选择最佳途径和手段，创新者的思维方法是非常重要的。自古以来人类的一切发明创造无疑不凝聚着思维的结晶。

3.1　科学思维

科学思维是纵向的、抽象的、逻辑性的思维方法，是人类最高层次的思维形式。它不受感情偏见的影响，人们是按照顺向性、必然性、确定性、决定性和不可逆性去思维，以抽象的、归纳的、分析的、比较的、间接的、概括的等方式认识客观世界。是线性的、技术性的、环环相扣的、重逻辑的、重思维的关系。科学思维是从个别中求普遍，发现客观规律，找出共性。它的特点是以概念、判断、推理的方式去揭示事物的本质，其不足之处是这种思维模式是静止的、片面的。

3.2　艺术思维

艺术思维是人类最原始、最基本的思维形式。是横向的，这种思维是从形态表面入手，按照偶然性、机遇性、可能性、因果性和不确定性去思维。它是非连续性的、跳跃的、敏感的、重形象、重联想。具有灵感思维、形象思维、直觉思维、想像思维等多种思维形式，灵感和直觉都处于认识的感性阶段，是一种非理性因素。灵感思维是穿插在抽象思维和形象思维之中，有着自由、生动、虚幻、突发、突破、创造、升华的作用。是一种潜思维形式，是一种比下意识水平要高的潜意识活动，它是下意识与潜意识功能交融作用的结果。它是人们理性认识不可缺少的高级认识方式。灵感突变、飞跃所获取的知识不是仅存于对事物表面的感性认识，而是对事物本质和规律的深入洞察。一个完整的认识飞跃是经过渐变和突变实现的，灵感的突变性在创新之路上起着跃迁作用。艺术思维具有形象性（直观的、具体的）、概括性、创造性、运动性（思维不是静止不变的）等特点，具有典型的创新作用。

3.3　设计思维

设计是对一切人造事物的认识与再创造。产品设计是一门交叉、综合的学科，它涉及众多领域的学科知识，是综合的、多样化的统一。在处于知识经济初见端倪和市场经济的今天，人们所面临的创新活动更加复杂化、多样化、系统化，这就需要建立科学的认识一切人为事物的方法，即设计思维。设计思维是一种创造性思维，创造性思维不是单一的思维形式，而是以各种智力与非智力因素为基础的高级的、复杂的思维活动。设计思维是多种思维方式、能力、知识的综合与运用，它是以艺术思维为基础与科学思维相结合的综合体，是智力与非智力因素的和谐统一。二者互为条件、互为反馈才能使设计师在设计过程中科学地发现问题、分析问题、归纳问题，并简洁、清晰、有序地表达解决问题的方法、过程和结果。

设计思维的特点

（1）以艺术思维为基础和科学思维相结合，设计是建立在科学的基础上，是感性的与理性的双重性的存在与统一。

（2）思维进程的突跃性，正是这种突破、跳跃的思维，在创新之路上起着重要作用。

（3）思维结构的灵活性、广阔性，能防止思维模式的静止、片面的状态。及时抛开旧的思路，转向新的思路；及时抛弃无效的方法而采用新方法。

（4）思维的敏锐性，对异常现象、细微之处能找到问题，并加以解决。

3.4 创造性思维

人类的体力和智力的活力处于最集中、最紧张、最亢奋的状态下的具有发现意义的思维活动。内在与外在之间的联系具有主动性、目的性、预见性、求异性、发散性、突变性、创造性的特点。

存在特征

（1）包括量变到质变，从内容到形式，又从形式到内容的各个阶段的创造性思维过程。准备、沉思、启迪、求证是创造性思维的四个阶段。

（2）设计思维是多种思维的综合运用，综合也是一种创造。

（3）追求陌生化。

金克洛夫斯基认为：艺术的设计是对象的陌生化，设计是造成形式困难的设计；这是一种增加感觉难度与长度的设计，因为在艺术中感知过程本身就是目的，必须设法延长它。

3.5 智力结构和创造性思维特点

创造性人才智力结构

（1）基本素质：自然素质、精神素质。

（2）基本知识：自然科学、人文科学、社会科学。

（3）基本能力：自学探索分析的能力、接受与综合新思维的能力、解决专业问题与实践能力、群体智慧与组织能力。

（4）基本理论：专业基本理论、科学方法论。

创造性思维特点

（1）感受性、敏锐性、专心致志、分析观察。

（2）思维的突跃性。

（3）思维的流畅、思维的丰富：用词用语的流畅；联想的流畅；表达的流畅；观念的流畅。

（4）广阔性。

（5）灵活性：思维结构灵活多变，不囿于传统成见，从多种角度思考问题。

（6）独创性：能大胆独立地思考，有效地利用前人成果去创造。

（7）整体性、综合性：从整体上抓住事物的本质规律，预见事物发展进程。

（8）精益求精：刻意求深，继续进取。

第四章　设计方法

4.1　概述

方法是人类有目的的行为方式的总和。设计方法是实现设计预想目标的途径，是解决问题的使用方法，它兴起于20世纪60年代，是研究、开发和设计的方法论的学科。产品创新要获得成功，首先要有正确的设计方法。产品的种类虽然变化万千，但可以归类认识；设计方法虽然变化无穷，但都是以解决具体问题为共性目标，因此正确认识方法论是至关重要的。

自古以来人类所创造的灿烂文化，作为传达各种信息的载体，记载着创造者所处时代的生存方式、美的认识以及科技等。人类的每一次进步都是从不同角度、不同层面对祖先、对自己认识水平的否定或重新阐释。

人类的优点和缺点是想改造周围的一切，而且已经在塑造着第二个自然。随着时代频率的加快，越往前走，可能遇到的问题就越多；这就促使我们应学会科学地思考，历史地、系统地、辩证地认识自然，认识自我；并从正、反两方面来仔细看待已取得的成果和观念。

科学的责任不仅是告诉人类"怎样去做"；也不仅是告诉我们"为什么"能那样做；更为重要的是引导我们去思考，丢弃约定俗成的提法或时髦的新概念，弄清事务的本质，"应该去做什么"，今后还要"做什么"。

4.2　设计方法论

4.2.1　工业设计方法论

（1）方法论

工业设计是技术与艺术相结合的学科，它不同于其他学术领域，它是从系统的观点去观察人类的生活方式，把握人们的需求和价值观。是在人文科学、社会科学和自然科学的基础上建立起来的理论。它受经济环境、社会形态、文化观念等多方面的制约和影响。主张运用系统的思想和方法把概念、思维模式、材料、工艺、结构、形态、色彩以及经营管理机制都放在一个最关键的核心——特定人群在特定环境、特定条件下的需求中去重构。

（2）方法论研究重点

这个方法论告诉设计师，研究的重点是使用产品的目的取决于使用产品的人，把人作为设计的出发点，使人的生存环境更人性化。因此，工业设计是对人类生活方式的设计。要研究不同的人或同一人在不同环境、条件、时间对生存、生活的不同需求。进而去选择、组织已有的原理、材料、技术、工艺、设备、造型、色彩、营销方式等去开发产品，开拓市场。

（3）设计师职责

由于设计受文化、科学技术及社会发展的影响，因此设计师必须能有对未来发展趋势的准确的科学预测。使自己始终站在潮流发展的前列，关注着社会、技术的进步，及探求其发展中美的精髓。设计师应是人民的仆人，消费者的贴心人。

设计师不应是对产品进行"化妆"，而要抓住人们的"生活需求"这一丰富、生动的源泉，并从引导消费到创造市场。尽快使国内企业摆脱 "引进"、"改良"、"加工"、"美化"的束缚，开发出具有竞争力的新产品。设计师的目标是挖掘市场的潜在需求，真实地、科学地、有效地揭开"市场"之谜，为人类创造更合理的生存方式。

4.2.2　工业设计核心

工业设计的核心是对人类需求的发现、分析、归纳、限定以及选择一定的载体和手段予以开发和推广。它是以生活开始，又以一种产品作为载体将设计师的认识或判断物化的过程，并通过市场渠道将产品转化为商品进入人们的生活中。

4.2.3　产品的内、外因与使用目的

"产品"这个概念是由产品内部因素与产品外部因素构成的。产品的内部因素是指原理、结构、材料、技术、工艺、设备、生产组织、造型、装饰等。产品的外部因素是指使用者、使用环境、使用条件、使用时间。根据系统论观点，这两者之间的关系都统一在使用目的这一点上，任何一方因素的变化、调整都影响目的的实现。因此，产品的内、外两大因素限定也决定了使用目的的准确描述。设计定位是这个认识过程的实质，从而才有市场定位和市场观念。研究和分析使用目的是工业设计为"人"这个大目标所决定了的，也是工业设计存在的意义。而要准确地判断人的使用目的，最根本的是要研究作为特定社会、特定时代、特定环境、特定条件、特定时间范畴内的"人"，才有可能认识到这样一种非常具体的人的需求、行为及心理，而不再是空洞的功能、表面的造型、流行的材料、无止尽的高技术和唯利润的商业。

产品的内部因素保证了特定使用目的得以实现。不同的内部组织结构实现的使用目的的程度不同。比如凳子、椅子、沙发都是解决坐的问题，但根据使用目的的不同，其舒适度却不一样；像教室用椅子而不用沙发解决学生坐的问题，就是防止时间长了学生上课容易打瞌睡，影响听课效果。茶杯、酒杯、咖啡杯同样是杯子，但因使用的人、使用环境、使用条件的不同，杯子的要求也是不一样的。因此设计师要考虑所设计的产品目标是什么。这些显而易见的道理告诉我们，研究产品的外部因素是准确限定产品使用目的的关键，而且只有详细分析了不同使用者或同一使用者在环境、条件、时间、个性的特点下，才有可能提出准确地使用目的。所以设计师不懂得生活，不体验生活，不从使用者的角度去设身处地的调查使用环境、使用条件、使用时间等这些产品的外部因素，光有所谓的材料、技术、工艺知识是不可能进行市场定位的。工业设计的成功就在于作为社会中一种专业、一分子的个性融于社会整体之中，才能使社会的决策、行为、效果，更有生气，更有色彩，更加健康，合情合理。就像技术和市场一样，设计作为系统中的一个子系统是要实实在在地存在的，它必须有自身的规律、方法和机制，才能使大系统完整和发展。

4.2.4　产品的内、外因意义

产品的内部因素决定了产品使用目的的抽象含义，即不能使产品和使用目的具有个性化、多样化和商品化。只有认识了产品的外部因素，才能贴切地为消费者服务，这才能真正实现"市场"意识的转换而不是消极的"市场"口号。产品内部因素的进步、发展是人类对功能要求满足的程度不同，是"量"的改进，是"一般"的满足；而产品外部因素的认识和挖掘是人类对功能要求的准确描述和定位，是服务的"质"的体现，是"个别"的、实实在在的满足。根据真实的、实实在在的人或人群在实实在在的环境条件下来选择技术、选择形态、选择营销方式，这才是实事求是的科学的设计方法论。见6.1产品设计分析案例。

产品的内、外因素构成图。

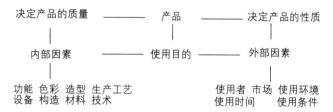

4.3 常用的设计方法论

常用的设计方法论有以下 11 种。

4.3.1 突变论

是一种用于开发性的设计方法，是现代设计的关键。人类社会的不断发展关键就是要有突破、有创新，才会有新事物的产生。主要包括创造性思维与创造性设计等。事物具有突发性，也有规律性。

4.3.2 智能论

指充分发挥智能载体的理论，是智力与能力的结合，是现代设计的核心，主要包括计算机辅助设计（CAD、CAE、CAM）、智能机械化方法。

4.3.3 信息论

主要研究信息的搜集、分析、处理等问题，是现代设计的前提。

常用的方法有：*a*. 预测技术方法　*b*. 相关分析法　*c*. 专业上所谓方差分析法　*d*. 普分析法　*e*. 信息综合法

4.3.4 系统论

用系统的观点和系统的整体性来解决某领域中的具体问题的科学方法。

常用的方法有：*a*. 系统分析法　*b*. 聚类分析法　*c*. 逻辑分析法　*d*. 模式分析法　*e*. 系统辨识法　*f*. 人机工程

4.3.5 控制论

是普遍意义的方法论。重点研究动态的信息与控制反馈过程，以使系统在稳定的前提下正常工作。主要有动态分析法、柔性设计法、动态系统辨别法等。

4.3.6 优化论

在给出的多方案等条件下，得到最佳结果，是现代设计的宗旨。

4.3.7 对应论

在设计过程中找一些相类似的或对应的科学方法，如仿真技术、仿生技术就是其重要的方法。

4.3.8 功能论

指以谋求功能与使用时间、成本之间，必要的可靠性与最佳的经济效益的方法。

4.3.9 离散论

指的是离散结构，把所有体都作为离散体，分离、扩散以求总体的近似与最优细解的方法。

4.3.10 模糊论

是将模糊问题进行量化以求解决问题的科学方法。其特征表现为不确定性，是将产品设计的具体要求作为参数，是一种数据范围的放宽，是不可定量的东西。重在与人工智能直接有关的模糊识别的研究之上。

4.3.11 艺术论

人们对事物要求已经从物质需求上升到精神的美的需求，这种以艺术美感作为出发点使科学与艺术得到有机的结合，即为艺术论方法。

设计方法种类繁多，并不是任何一个产品设计需采用全部的设计方法，或者以简单独立方式运用于产品设计中；而是根据需要以交叉、并置等多种设计方法运用于产品设计中。

4.4 产品设计程序

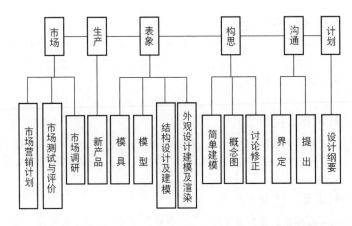

产品设计工作流程图

产品设计不同于偶然的灵感创作，不可能一蹴而就。产品设计是一项系统的工程，所以在产品设计的过程中，对问题的认识和把握是较难驾驭的。因此，产品设计过程需要有序地进行，依据设计自身的规律性程序，反映设计行为的不同环节；而每个环节上显示明确的阶段性目标。虽然至今还不存在哪一种设计程序是绝对正确的，但对设计一般程序的掌握及运用，无疑是设计活动中最重要的一环。

4.4.1　制定设计计划

在设计行为开始前，要全面地衡量和分析市场销售、使用、审美和技术等方面的基本要求，提出各种抽象解决方案；确定设计、制造、销售、广告与促销等的计划。制定设计计划应注意以下几个要点：

　　a. 了解设计内容，认识设计过程中的难点、要点；明确设计目标。

　　b. 明晰该设计自始至终所需的每个环节以及每个环节所要达到的目的和解决的方法。

　　c. 了解每个环节之间的相互关系以及所需的实际工作时间。

在完成设计计划后，应将设计全过程的内容、时间、操作程序绘制成设计计划表，为所有参与产品开发人员提供积极的指引。

4.4.2　调查、收集资料

竞争的市场是残酷的，开发一个产品需要很多的财力，若没有严密可靠的数据资料作基础，失败的代价是很高的。因此，产品设计前设计者必须做踏实的调查、研究工作，做到知己知彼。因没有一件产品设计是设计师凭空臆造出来的，每一件设计都会涉及到需求、经济、文化、审美、技术、材料等一系列的问题。不仅要对作为商品的产品进行调查、对市场进行调查，而且要从人的行为、使用要求，以及人的心理等诸方面去进行研究和了解，以获取可靠、准确的情报资料。如针对医疗产品的设计调查，包含有市场、竞争者、产品的功能、新的医疗政策、使用产品的认识（病人、医师）以及该产品的发展趋势、替代方向等方面的调查研究。不同的设计不仅所涉及问题的领域不同，而且深入程度也各不相同。因此，调查研究的方法提供了一种逻辑结构和分析问题的框架，是保证我们能得到有意义的资料的必要手段，是产品创新设计的基本保证，通过调查研究避免了产品的重复开发，降低了企业经营的风险，从而用真正的差异性提升新产品的竞争力。但市场调查不是解决一切问题的法宝。

　　（1）市场调研顺序

　　（2）市场调研内容一览表

　　（3）搜集情报资料的方法

　　1）询问法

即以询问的方式去搜集情报资料。询问的方式一般有面谈、电话访谈、书面询问、网上询问，将要调查的内容告诉被调查者，并请他认真回答，从而获得满足自己需要的情报资料。

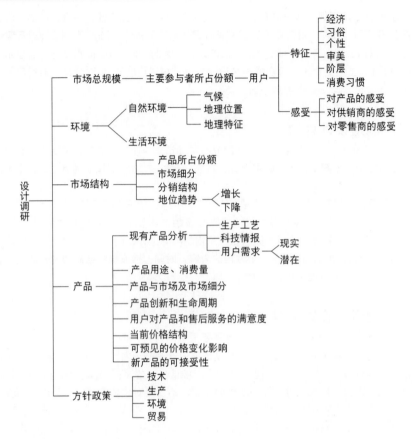

2）查阅法

通过查阅各种书籍、刊物、专利、样本、目录、广告、报纸、录音、论文、网络等，来寻找与调查内容有联系的相关情报资料。

3）观察法

调研人员到现场直接观察搜集情报资料。这要求调研人员十分熟悉各种情况，并要求他们具备较敏锐的洞察力和观察问题、分析问题的能力。运用这种方法可以搜集到一些第一手资料。进行时可采用录音、拍照等方法协助搜集。

4）购买法

花一定的钱去购买元件、样品、模型、样机、产品、科技资料、设计图纸、专利等，以获取有关的情报资料。

5）互换法

用自己占有的资料、样品等和别的厂家、部门交换自己所需的情报资料。

6）试销试用法

即将生产出的样品采取试销试用的方式来获取有关情报资料的方法。利用这种方法，必须同时将调查表发给试销试用单位和个人，请他们把使用情况和意见随时填写在调查表上，按规定期限寄回来。

4.4.3 分析资料

对收集到的各方面资料进行综合分析、研究、判断，确定需解决的问题核心所在。并根据市场销售，使用，审美和技术方面的基本要求，提出各种抽象解决方案，明确设计的总体目标。

4.4.4 构思草图

从这个阶段开始进入具体的设计作业。构思草图是将设计师的想法由抽象变为具象的一个十分重要的创造过程，也是设计师对其设计的对象进行推敲、理解和拓宽设计师思路的过程。在设计时设计师要充分理解计划的意图和设计的条件（如市场能否吸收，企业能否制造等）。

设计草图要求设计师必须要有快速、准确的图面表达能力。在草图中可加注文字、尺寸、色彩、材料等注释，也可有剖面图、细部图等加以辅助说明。通过草图展开构思，构思雏形应包含各种变量。在整个设计过程中设计草图起着十分重要的作用，因草图是设计师与委托人之间交流、沟通的手段。如图4—1～图4—4烧烤炉的草图设计，图4—5～图4—7家居门锁的草图设计以及图4—8～图4—12的地铁检票装置设计。

烧烤炉设计
　　指导：张珥　　设计：赵曼

<方案一>

图4—1

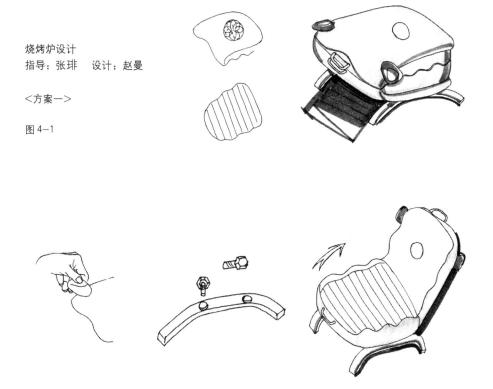

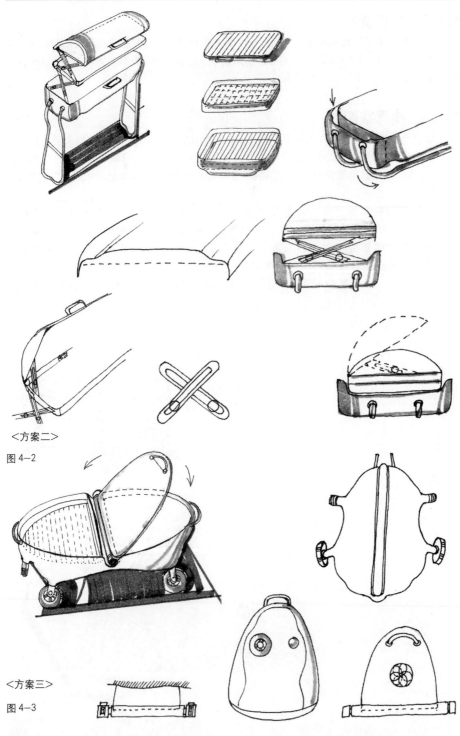

<方案二>

图 4—2

<方案三>

图 4—3

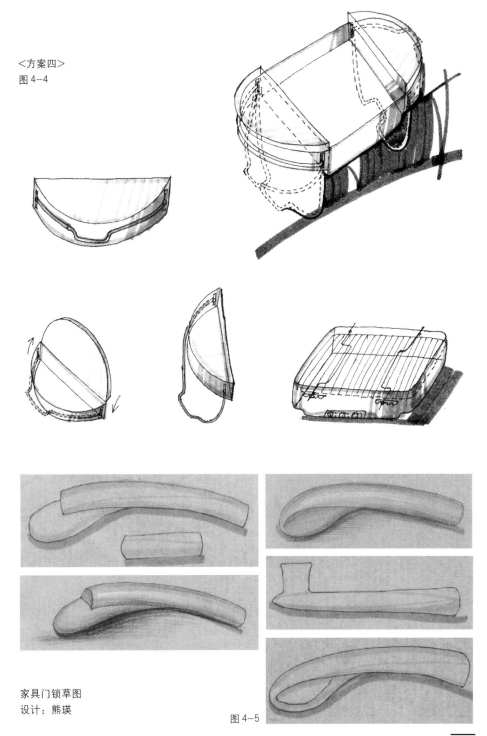

＜方案四＞
图4-4

家具门锁草图
设计：熊瑛

图4-5

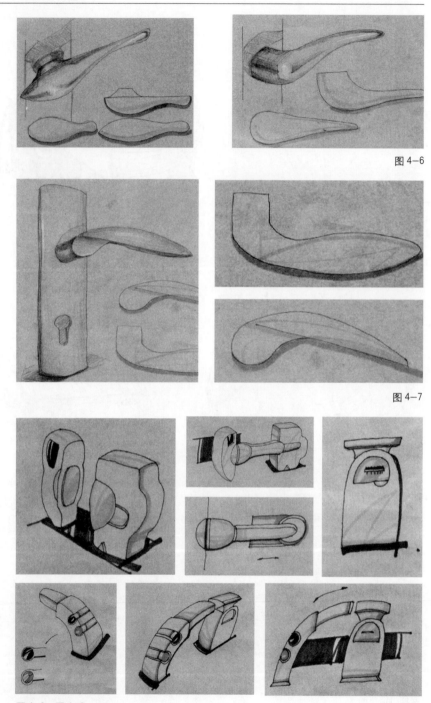

图 4—6

图 4—7

图 4—8～图 4—9
地铁检票机草图　设计：刘羽

图 4—8

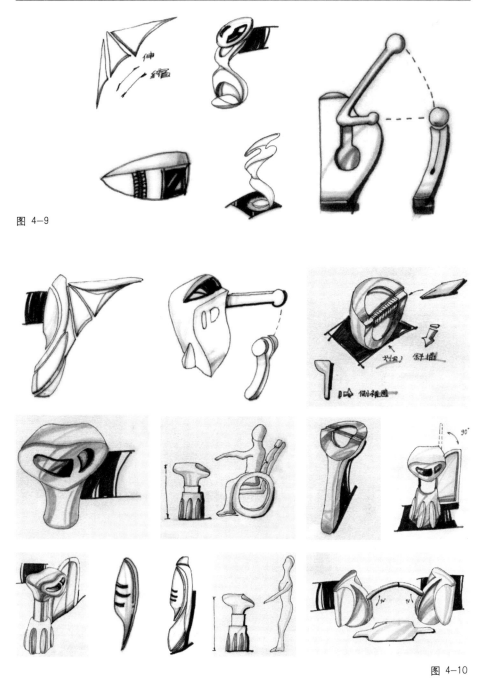

图 4—9

图 4—10

图 4—10～图 4—12
地铁检票机草图
设计：刘羽

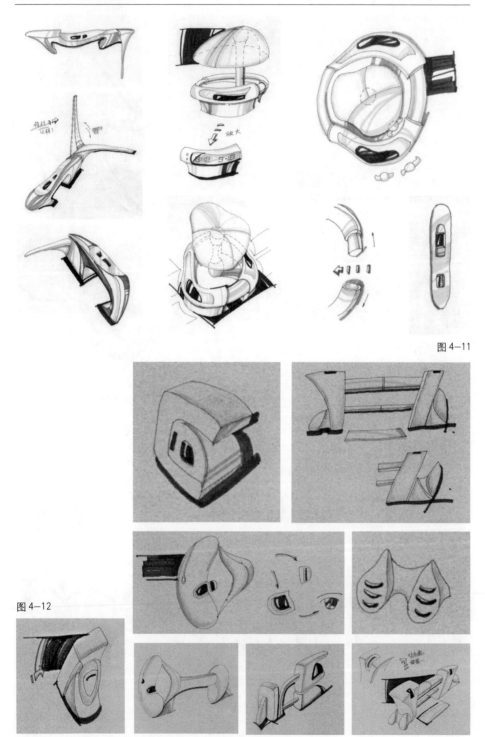

图 4-11

图 4-12

4.4.5　方案确立

　　整理各种构思草图方案，集中成几个方向，与有关部门讨论。筛选出具有发展前途的设计方向以作进一步地深入设计。

4.4.6　草模型

　　当设计师无法全面地把头脑中的三维形象绘制出来，或不能把握成型后比例尺寸的实感，这就需要用纸制品、油泥、黏土等材料制作草模型，以研究尺寸比例、曲面的曲率、结构、人机工学等。

4.4.7　效果图

　　画细部的外观效果图，可用色粉笔、记号笔、色铅笔、水粉、水彩、喷绘等各种技法。从技法上来区分效果图与构思效果图是很困难的，一般地说效果图应有更高的精确度，对设计的内容要做较为全面、细致的表现。

　　随着科技迅速发展，三维软件功能的不断强大，计算机辅助设计正逐渐成为设计过程中不可缺少的角色。它具有精密准确、表现速度快、质感逼真等优势，给观者真实的视觉效果，给设计师提供更灵活的设计空间，使设计者能充分发挥自己的想像力，丰富了表现手段。如图4-13家居门锁设计、图4-14地铁检票机设计。

图4-13

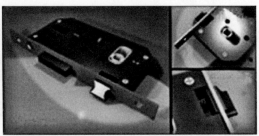

图 4-13　家具门锁　　设计：熊瑛

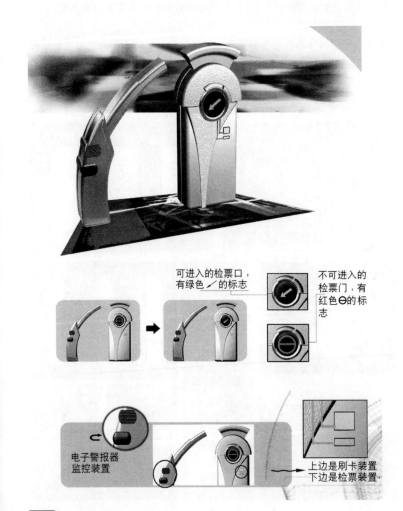

可进入的检票口，
有绿色╱的标志

不可进入的
检票门，有
红色⊖的标
志

电子警报器
监控装置

上边是刷卡装置
下边是检票装置

图 4-14　检票机

设计：刘羽

4.4.8 外形制图

如果根据模型决定了形态，就要对评价模型时所发现的问题进行修改。这种修改可在原始建的CAD三维数据上进行，从而制定出产品各部件正确而详细的数据送交制造部门进行生产。如图4-15～图4-17家居门锁结构。

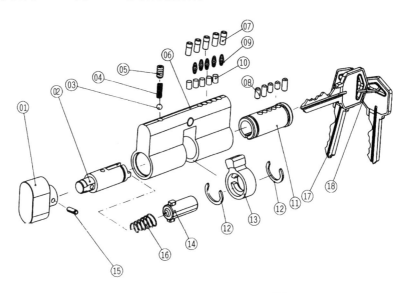

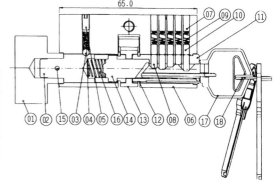

18	钥匙圈	弹簧铜线	1	
17	钥匙	黄铜	3	
16	传动轴弹簧	不锈钢线	1	
15	弹簧销	弹簧钢	1	
14	锁组传动轴	铁(粉末冶金)	1	
13	锁组传动座	铁(粉末冶金)	1	
12	止轮	SK5	2	
11	K沟单向锁心	快削钢	1	
10	上珠	快削钢	5	
09	锁珠弹簧	不锈钢	5	
08	下珠	快削铜	1	
07	塞珠	快削铜		
06	单向锁组套	快削铜	1	
05	螺纹塞珠	铁	1	
04	定位弹簧	不锈钢线	1	
03	定位钢珠		1	
02	开关钮杆	快削铜	1	
01	开关钮	快削铜	1	
序号	名　称	材　质	数量	备注

设计	熊瑛	制图	熊瑛	名称	5珠k沟单向锁组
	2003-03-14		2003-03-14	总图	M锁
核准	熊瑛			比例	1:1.5
	2003-03-14			共　张	第　张
		天津科技大学			

图4-15　M系列锁组拆解图
设计：熊瑛

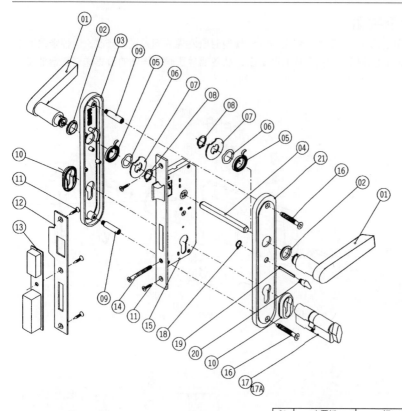

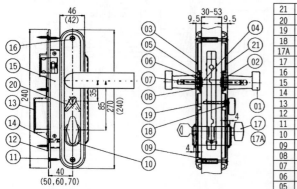

图 4-16　M系列拆装图

设计：熊瑛

21	内覆板	铜	1	
20	开关钮	铜	1	
19	开关钮杆	SPCC	1	
18	开关钮扣环	Sk5	1	
17A	双向锁组		1	
17	单向锁组		1	
16	安装螺钉	铁	2	
15	锁门组		1	
14	锁组螺钉	铁	1	
13	挡箱	PE	1	
12	挡板	铜 不锈钢	1	
11	木捻	铁	5	
10	锁组装饰座	PE	2	
09	支撑螺母	快削铜	2	
08	执手扣环	Sk5	2	
07	传动定位板	SPCC	2	
06	波浪型垫圈	Sk5	2	
05	执手弹簧	C60	2	
04	传动杆	螺丝	1	
03	覆板	铜	1	
02	执手套盘	ABS	2	
01	执手	铜	2	
序号	名　称	材　质	数量	备注

设计	熊瑛	制图	熊瑛	名称	M锁零件视图
	2003-03-20		2003-03-20	总图	M锁
核准	熊瑛			比例	1:3.5
	2003-03-20			共　张	第　张
			天津科技大学		

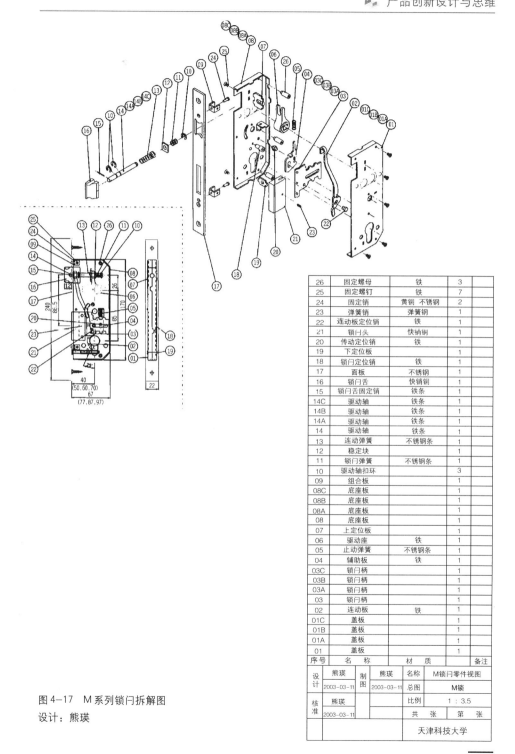

26	固定螺母	铁	3	
25	固定螺钉	铁	7	
24	固定销	黄铜 不锈钢	2	
23	弹簧销	弹簧钢	1	
22	连动板定位销	铁	1	
21	锁闩头	快销铜	1	
20	传动定位销	铁	1	
19	下定位板		1	
18	锁闩定位销	铁	1	
17	面板	不锈钢	1	
16	锁闩舌	快销铜	1	
15	锁闩舌固定销	铁条	1	
14C	驱动轴	铁条	1	
14B	驱动轴	铁条	1	
14A	驱动轴	铁条	1	
14	驱动轴	铁条	1	
13	连动弹簧	不锈钢条	1	
12	稳定块		1	
11	锁闩弹簧	不锈钢条	1	
10	驱动轴扣环		3	
09	组合板		1	
08C	底座板		1	
08B	底座板		1	
08A	底座板		1	
08	底座板		1	
07	上定位板		1	
06	驱动座	铁	1	
05	止动弹簧	不锈钢条	1	
04	辅助板	铁	1	
03C	锁闩柄		1	
03B	锁闩柄		1	
03A	锁闩柄		1	
03	锁闩柄		1	
02	连动板	铁	1	
01C	盖板		1	
01B	盖板		1	
01A	盖板		1	
01	盖板		1	
序号	名　称	材　质		备注

设计	熊瑛	制图	熊瑛	名称	M锁闩零件视图
	2003-03-11		2003-03-11	总图	M锁
核准	熊瑛			比例	1：3.5
	2003-03-11			共　张	第　张
			天津科技大学		

图4-17　M系列锁闩拆解图
设计：熊瑛

4.4.9 表现模型

　　表现模型也就是样机的制作。用详实的尺寸和比例、真实的色彩和材质，塑造出具有三维空间的实体。从视觉上模型与产品的效果图没有差异。材料多选用木材、塑料、金属、纸等，各种材料和技术都可以应用。这种表达方法是产品设计过程的一个重要环节，样机有助于消费者对产品的认识与理解，也是企业在大批量生产之前试探市场的有效手段。如图 4-18 电话亭设计、图 4-19 旅行包设计、图 4-20 烧烤炉设计、图 4-21 无障碍衣柜设计。

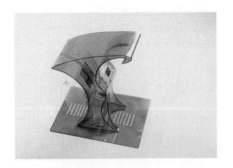

图 4-18　电话亭
材料：有机玻璃　制作：王平

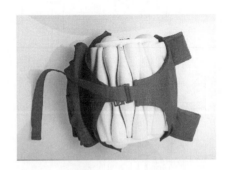

图 4-19　旅行包
材料：帆布

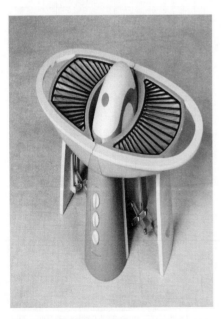

图 4-20　烧烤炉
材料：ABS　制作：孙惠

图 4-21　无障碍衣柜设计
材料：木制　制作：姚利辉

油泥模型制作

见图 4-22 油泥 1～油泥 10　制作：李强

油泥 1　模心制作

油泥 2　往模心上拍油泥

油泥 3　油泥拍好

油泥 4　粗刮

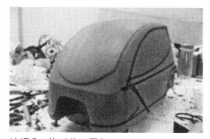

油泥 5　找对称、平行

油泥 6　找对称、平行

油泥 7　找对称、平行

油泥 8　精刮

油泥 9　精刮

油泥 10　喷漆

4.4.10　设计报告

　　设计报告是设计师为把设计正确地介绍给对方需准备的一份材料。设计报告的编排要精心设计，报告内容要简明扼要。报告中可采用文字、图、表、照片等穿插结合方式进行表达。一般要准备以下材料：

　　（1）目录：目录排列应一目了然，并注明页码。

　　（2）设计计划进度表：标明设计过程中每个环节所需的时间。

　　（3）调研资料：从产品、竞争对手、消费者、环境、自身能力等五个方面入手搜集资料。

　　（4）分析研究：对调研资料进行分析、研究，找出关键问题，确立设计方向。

　　（5）设计展开：设计构思（表达要使人能理解构思的发展过程）、效果图、制图、样机（可用照片）等。

　　（6）设计说明：以简练的语言表述该设计方案的可行性。

第五章 产品创新设计

企业间的竞争已由过去的以技术竞争为主，转化为以技术发展为基础的设计的竞争。产品创新设计是一种创造性设计，它要求从人们的需求和愿望出发，并对这种需求和愿望的未来发展趋势做科学地而准确地预测。在此基础上广泛地运用当代科学技术成果和手段对产品的功能、结构、原理、形态、工艺等方面进行全方位的设计。为人们的生活、生产、工作创造出前所未有的新产品，有效地促进社会的物质文明和精神文明的发展。

5.1 新产品构思方法

每个新产品的开发都是从构思开始的，构思就是创造性思维。是对人类已有的知识和经验进行重新组合、叠加、复合、化合、联想、综合、推理以及抽象等。从而形成新的观念和新的产品。新产品开发不是灵感的闪现，不可能一蹴而就，它是一个充分发挥创造力的过程。在这一过程中新产品构思方法将起重要作用，它是激发创造性的重要工具。

5.1.1 属性分析

概念：是对已有产品的所有属性进行仔细研究从中产生新产品。

方法：把产品的所有属性罗列出来，创造就是由这种属性的简单罗列所激发，提出如"为什么要这样"、"如何能把它改变一下"类似这样的问题。不同类型的属性会导致不同的属性分析。比如从功能、使用、多方面、缺点等来分析。

多方面分析：多方面分析常被企业用来比较自己和竞争对手的产品，从中发现自己产品的长处和不足；对于不足将成为改进产品的方向，长处将变为扩大销售的潜在机会。但这种方法比较死板。多方面分析是通过属性的罗列和观察使人群产生的新看法。如一辆汽车把它的每一部分罗列出来（车型、外部装备、内部装备、安全装备等），接着罗列每一部分属性（如长度、宽度、高度、轴距、轮距、材料、颜色等），将会列成很长的单子，大大提高了分析人员对产品的认识。

功能分析：可以将产品的功能、性能、作用或使用方法列出来。如汽车的变速、刹车、速度、拐弯、安全等。

使用分析：把顾客使用某种产品的不同方式罗列出来，从中会受到启发。比如约翰逊蜡业公司发现它的地板蜡被用到了汽车上，便打入了汽车抛光行业。

缺点分析：找出公司自己的产品和竞争对手的产品所有缺点后，然后针对所提的缺点提出改革方案，企业就能找到竞争机会。缺点列举法着眼于事物的功能，应采用"吹毛求疵"的态度去列举产品的缺点。如产品在生产过程中导致产品质量问题、材料使用不当、科技进步、设计造成产品的缺陷等。

5.1.2 需求分析

这种方法是把注意力集中在用户需求上的研究，因许多新产品首先把用户需要作为新产品设想的源泉。介绍三种类型：

（1）问题分析法

问题分析法也称用户清单，新产品开发首要一步是确定用户在使用产品时所遇到的各种问题，研究用户使用产品的问题已成为新产品设想形成过程中最广泛应用的一种方法。搜集用户问题可采用面谈、小组讨论、观察、扮演角色、征求专家意见、新闻媒介、投诉记录等。问题分析法在电话上的应用如下：

电话很难保持清洁

电话太大

电话线易缠绕

通话很难走动

黑暗里拨号困难

电话只能在安装的房间使用

电话机颜色单一

电话机式样陈旧

电话铃声不舒服

电话铃声单一

想知道谁来电话

对话（或重要信息）不能记录下来

……

问题分析法与缺点列举法有些类似，但它更注意在使用产品时出现的问题而不是产品自身的问题，问题也因人而异，侧重于主要用户。

（2）市场细分化

市场细分化包括任何类型的细分，不过最有效地是多维细分化，它不断地细分市场直到发现了某些群体的未满足需求为止。如研究洗发液市场，可先从年龄开始，然后再考虑性别，接着是清洗对象的生理方面。如中性、油性、去头屑、护发等等。由于分析常常进入死胡同，这种方法是很费时的。

（3）相关品牌的总体轮廓（根据一个商标的弹性开发出这些商标延伸新产品概念）

一个商标的弹性是一种称作"商标弹性分析"的方法来检测的，接下来就要根据开发这些商标来延伸产品类别以填补未满足的消费者需求或产品差异。而为了满足这种需要，就会开发出新的产品。如晶晶牌果冻或冰淇淋。

5.1.3 关联分析

关联分析是通过考察事物之间的关系去启发思维，创造新产品的。这些关系有些是相关的，有些是毫无关系的。它促使头脑以一种新的独特的方式去认真分析和研究事物。如选择移动电话作为创造的对象，再举一些与移动电话无关的事物，像表、计算机、录音机、摄像机等等，并把它们强制结合起来。

移动电话与表的结合形成显示时间的电话。

移动电话与计算机结合成为带有计算器的智能电话或者成为具有网上漫游功能的微型电脑。

移动电话与录音机结合形成带有录音功能的电话。

移动电话与摄像机结合形成可具有拍照功能的电话。

由此可见，关联分析法跳出了传统思维的束缚，打破了原有的专业知识和经验的框框，把看似无关的东西，强制联系起来，启发了创造性思维，促使形成大量的新产品概念。

5.1.4 群体创造力

是依靠集体的思维作用，实现创造功能的相互借鉴、相互补充与协同的思维方法。自古以来人类就认识了集体的智慧大于个人的智慧。随着科学技术的进步和生产力的发展，人们所面临的问题越来越复杂，充分发挥集体的力量已日益显得重要。熟悉新产品开发过程的人一提到群体的创造力就会想到头脑风暴法也称发散思维法。可以这样说，几乎所有的群体构思法都是在头脑风暴法的基础上发展起来的。

头脑风暴法是由美国著名学者奥斯本于19世纪40年代首次提出来的，是用以取代当时效率低下的企业新产品开发讨论会，奥斯本认为创造性思维过程的中心环节的关键步骤是"发现设想"。头脑风暴（Brain Storming）形象地说明了采用此方法使人的思维要自由奔放，不受任何限制。

头脑风暴法的基本内容为：针对要解决的问题召开6～12人小型会议，与会者按照一定的程序和要求在轻松融洽的气氛中无拘无束、敞开思想、各抒己见、自由联想，让思维插上翅膀任意驰骋，是创造激情、创造冲动、创造智能达到互相激励、互相启发、互相补充、互相影响的效果。

（1）头脑风暴法制定两条基本原理。

1）延缓判断

要求与会者自由地表达能想到的各种各样的想法，真正达到自由思维的境地。不怕标新立异，不用担心会遭到任何的批评。在会上对意见不做评论，不进行评判。评判虽可完善想法，但不加自由发表意见。

2）数量孕育着质量

奥斯本认为只有收集到大量的设想，才可能获得有价值的新设想。因此设想的数量越多越好。

（2）会议应遵循以下原则。

1）议题应明确、简单。对于复杂问题应事先做分解，针对每个复杂问题召开会议。

2）集思广益，鼓励自由思考，畅所欲言。

3）以数量求质量。

4）不对与会人员所提设想作出评价，制造轻松、愉快、活跃的气氛，使与会人员都能献计献策。

5）可利用和改善他人提出的设想，相互补充、改进和启发。

6）及时记录各种设想并进行编号以便于归纳整理，但暂不作处理。

7）推迟评价会议，只提设想不作定论，将会议上所提设想归纳、整理，然后召开专门会议进行研究。

5.1.5 设问法

设问法是通过围绕产品提出问题，从而改进设计的一种方法。常用的有奥斯本设问法，其要点有：

   （1）现有产品还有其他用途吗？

   （2）改变一下会怎样？如扩大、缩小、增加、删除、整合、局部翻转倒置等。

   （3）能否利用其他方面的设想？可否借鉴和模仿。

   （4）用其他东西替换会怎样？材料、工艺、制作结构等。

   （5）反过来会怎样？上下、前后、内外运动方向等等。

   （6）重新组合成立吗？功能、目的、构想、材料、部件等。

   5W1H法是从6个方面来设问的，由于这6个方面中的5个方面每一个英文首写字母是W，1个方面英文首写字母是H，故此得名。具体为Why（目的）、What（本质）、When（时间）、Where（空间）、Who（对象）、How（状态）。

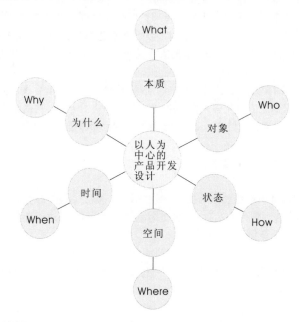

5.2　产品设计定位分析

   产品设计定位针对的不是产品，而是顾客的想法。但往往顾客的想法并不很确切，因此企业把模糊不清的市场需求，通过市场调研把所获得的资料进行分析、归纳、整理使之融会在设计师的头脑中，成为产品开发设计的总体框架、方向或要求。见下面的产品设计定位图。

5.2.1　为什么要进行产品定位分析

   今天由于人们生活水平的不断提高，消费者根据自己的需求，选择产品的自由度也在扩大。人们对产品的需求已从过去的"质"上升到"情"，对于精神生活的满足成为人们主要的追求方向，使得产品市场竞争呈多样化趋势。企业为满足不同消费需求，进行产品设计定位分析将是企业产品设计开发的重点。因此，一个产品的开发若定位准确，会给企业带来巨大的竞争优势。反之，企业若无法对市场作出准确的判断，不管是大型、成功的企业，还

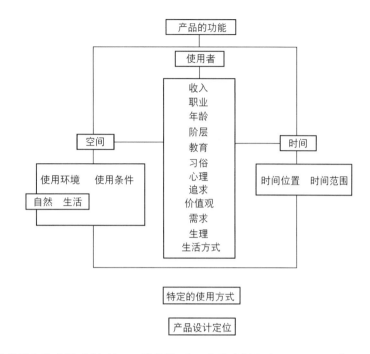

是小型企业都必将遭受重创,甚至一败涂地.产品定位分析是企业人员及设计人员重要研究的课题。

(1)依靠直觉经验

依靠直觉经验的方法,在人类造物的历史上是主流的,有时有相当的准确性。这种方法适宜于生命周期短、潮流化明显的产品。如时装、箱包、食品等。

(2)依靠理性分析的方法

现在很多产品是靠理性分析的方法。由于竞争所致,通过需求分析来提高产品的竞争力。如家电、汽车、摩托车等这些产品无法依靠灵感,必须进行理性分析才能找出研发方向、市场的空缺点。凡是具有投资大、周期长、标准化、市场竞争激烈、大批量,这五点中的三点以上就得靠理性分析,要非常仔细研究消费者需求。如TDK磁带盒的设计,首先就搞了一个磁带盒封面设计的调查:设计了很多封面,以征求消费者喜欢哪一款;然后进行修改、完善;在颜色设计上也是如此。总之把设计过程中的每个方案都征求消费者的意见,以求得反馈信息来完善设计,这样设计出来的产品才具有很大的市场潜力。

5.2.2　产品定位分析特点

(1)预见性的调研活动

对未来的可能性的预测,这种预测的准确性应注意,如当年某国产手机进行市场调查,看看国内消费者是否需要,答案是不需要。这种答案只能参考,未必对。因此,并不是只要用这种办法就能获得成功,往往会跟直觉相距甚远。如果熟悉的产品靠直觉是可靠的。这种调研活动是一种动态的,整个过程可随时调整。

（2）数据量化和视觉化相结合

这种方法在国际设计界非常通行，如色彩的预测。

5.2.3　产品定位分析内容

产品定位分析归为四类活动，分别是需求研究、竞争研究、自身能力研究、定位分析与预测，下面具体介绍：

（1）需求研究

主要分析消费者需求或潜在的、不需要的需求（带有引导性的）。如美国宝洁公司针对头皮屑多（其实是生理产物但把它视为焦点）推出海飞丝洗发水；头发硬推出飘柔。其实就是洗发水，通过分出不同的品牌引导消费。对消费者的需求要有本质的抽象，如杯子把它定义为喝水的容器，这样就不会受到现有产品的束缚。

（2）竞争研究

要对竞争环境了解，找出竞争对手的长处和不足之处以确定自己的研发方向，才能形成产品的差异性，建立产品的竞争优势。例如"茶隼"公司"翼"牌专业自行车的革命性创新外形具有风帆的功能，能为驾驶者提供推动力，使速度越来越快。

（3）自身能力研究

把企业自身所具备的优势、弱势以及它所处的外部环境提供的机遇和不利因素放在一起分析，以确定企业发展方向。

（4）定位分析与预测

1）确定关键的产品特性

① 产品形象定位。产品的最终风格是什么，这与将来是否好销有直接关系。

② 卖点，就是让消费者认知产品的特性。任何一个产品要有自己的卖点，否则其作为一个用品也许合格，但作为一个商品却是不合格的。如诺基亚手机的卖点相当好，其个性化铃声、换彩壳、售价低等特点成为实惠、简便、时髦的象征。

2）初步预测市场机会

一个产品的失败率是38%，三个产品中就有一个是失败的，因此不能单依靠设计师的设计来预测市场。

3）定位表述

定位表述也就是产品的预言报告，它要面向决策层、设计师、工程师以及其他人员。

① 市场规模

a. 销售对象。如女性，全国有多少人，开发此产品值不值。

b. 投入成本高不高。如某品牌手机下马是因为各方面的投资力度都很大、不合算。

c. 市场的稳定性。像肥皂、卫生纸、水、粮食、能源等市场稳定性最高；有的产品稳定性很差，如过去流行呼啦圈寿命仅3个月。企业要考虑进入这个市场能持续多久挣到钱。

② 传达给设计者——视觉化表达。

③ 传达给工程师——技术规范、工艺材料等。

④ 传达给其他人——财务核算、成本核算等。

上述几点是需要设计师做的。

5.3 需求分析

5.3.1 市场细分化

随着人们物质文化和生活水平不断的提高，人们已不满足于标准化的产品和服务来统一消费水准和消费方式，这种消费模式受到前所未有的挑战。统一的市场已不复存在，个性化市场日益明显，在这个背景下企业广泛地使用市场细分策略。如将整体市场根据年龄、性别、文化、价值观念、生活方式等不同划分为一个个子市场。市场细分起源于20世纪50年代，由美国人温德尔·史蒂斯提出的。

（1）概念

市场细分就是根据消费者需求上可能存在的各种差异，将整体市场划分成若干个消费者群，每一个消费者群都是一个具有相同需求和欲望的细分子市场。

（2）作用

1）市场细分将有助于企业投资于能够给其带来经济效益的领域，使产品开发和市场营销针对性强、效益高。避免因盲目投资而造成的资源浪费。

2）市场细分将有助于企业通过产品的差异化建立起竞争优势，企业通过市场调查和市场细分，将会发现尚未被满足的顾客群体。如果企业能根据这一顾客群体的需求特征，设计出独具特色的服务产品，会获得巨大成功。

（3）市场细分基本原则

1）没有两个同样的消费者。

2）没有一个厂家、没有一个企业能满足所有消费者的需求。

市场粗分：城市、农村、高收入、低收入、南方、北方市场。

市场细分化第一原则：市场细分变量的确定。细分变量是MBA数语，就是影响市场分割方式的因素。

一个产品最初诞生是靠技术。如手机、电视等在最初是靠技术导向，这时的产品没有细分概念。当市场拥有最大需求以后就有市场导向能力。如手机刚诞生时有就比没有强，当手机多了就要考虑用户的特色、功能的改进等。就要出现市场导向，如手机分出高、中、低档，男女之别以及可换彩壳等，因此产品在市场的发展要靠技术导向；要靠市场导向能力。

（4）市场细分变量的确定

1）依据地理变量的自然属性细分

① 地理变量——地域（东、南、西、北）、气候、城乡。

如某企业最初生产的汽车在香港使用，由于香港气候潮湿、雨多，汽车喷漆没有作防锈处理，用了半年底部都锈了。还有汽车卖到哈尔滨要保证供暖，以便冬季车好启动，防止汽缸冻裂。卖到南方防雨、防锈要好。还有欣赏品位要做仔细的研究，像亚洲与欧洲的欣赏品位有所不同。

② 人口统计变量——市场变量（估计你的市场有多大）市场总量的价值，估计投资一个产品最终能挣多少钱。

③ 民族与宗教信仰——向伊斯兰国家出销肥皂，由于是民族信仰，肥皂中的猪油就要换成牛油。

2）依据社会经济的细分

① 收入支出变量——直接影响人的购买力。如总收入水平(年)，可支配收入(除去消费的，随时可拿出的钱)，收入稳定性(靠工资，工作稳定)，阶段性支出(人的一生有不少阶段性支出，如上学、结婚、生孩子等)。

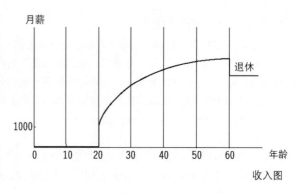

收入图

② 职业特征变量——能反映出人的生活方式和审美特点，如教师、科技人员、售货员、演员、工人、农民等。

③ 教育程度变量——以学历划分，如中专、大专、本科、研究生、博士等，可加上留学人员。

④ 家庭结构——包括单人家庭、双人家庭、核心家庭以及三代人的大家庭。

⑤ 住房变量——可按住房结构划分，如公寓、一居、二居、三居、house。

⑥ 社会阶层变量(最难确定也是最有效的)是上述加起来的总和。《格调》小说不错，是对美国社会各阶层品位的描述。

3）依据行为变量的细分

① 个性特征变量

② 生活方式变量

③ 审美与爱好

④ 梦想与目标(你想变成什么样的人，每个人都有自己的奋斗目标，目标可能是具体的人或具体的生活方式。比如名人穿的、用的，更容易成为市场导向。如工作在中关村的人，会梦想能成为比尔·盖茨)。

4）消费习惯变量

① 冲动型(出去旅游或者在超市购物，男女易变成冲动型)

② 理智型(超市货柜摆放绝对有方式，如放在收银台旁边的货柜占总销量10%)

③ 激进型(绝对有经济实力，看见新产品、高技术的出现就有购买欲)

④ 保守型(年老了深思熟虑，不会被花哨的产品所左右)

⑤ 忠诚型(对某个品牌只要认准，决不更改；公司企业能培养大批忠诚用户，是成功之路)

⑥ 从众型(在农村还是有很大市场，经济发展的必然阶段)

⑦ 铺张型

⑧ 节俭型

(5) 变量分析技术

1) 市场细分多维变量折线图

以调查彩电市场为例：下列表格在分的时候每个格之间必须有明显的差异性，影响电视机销量因子有用的列出，无用的不要列入图5-1。

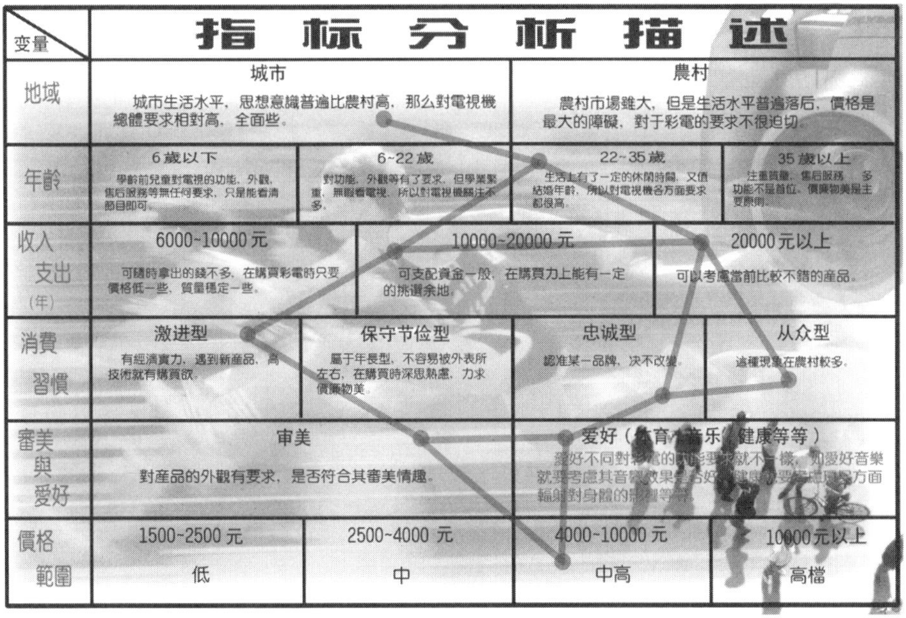

变量	指 标 分 析 描 述			
地域	**城市** 城市生活水平、思想意識普遍比農村高，那麼對電視機總體要求相對高、全面些。		**農村** 農村市場難大，但是生活水平普遍落后，價格是最大的障礙，對於彩電的要求不很迫切。	
年龄	**6 歲以下** 學齡前兒童對電視的功能、外觀、售后服務等無任何要求，只是能看畫節目即可。	**6~22 歲** 對功能、外觀等有了要求，但學業繁重，無暇看電視，所以對電視機興趣不多。	**22~35 歲** 生活上有了一定的休閒時間，又值結婚年齡，所以對電視機各方面要求起點高。	**35 歲以上** 注重質量，功能不是首位，價廉物美是主要原則。多
收入 支出 (年)	**6000~10000 元** 可隨時拿出的錢不多，在購買彩電時只要價格低一些，質量穩定一些。	**10000~20000 元** 可支配資金一般，在購買力上能有一定的挑選余地。		**20000 元以上** 可以考慮當前比較不錯的產品。
消费 习惯	**激进型** 有經濟實力，遇到新產品、高技術就有購買欲。	**保守节俭型** 属于年長型，不容易被外表所左右，在購買時深思熟慮，力求價廉物美。	**忠诚型** 認准某一品牌，決不改裝。	**从众型** 這種現象在農村較多。
审美 与 爱好	**审美** 對產品的外觀有要求，是否符合其審美情趣。		**爱好（體育、音樂、健康等等）** 愛好不同對彩電的需要就不一樣，如愛好音樂就要考慮其音質效果，如愛好健康就要考慮各方面輻射對身體的影響等等。	
价格 范围	**1500~2500 元** 低	**2500~4000 元** 中	**4000~10000 元** 中高	**10000 元以上** 高檔

图 5—1

上述每个格的划分需要很多的统计资料，所以个人很难列出，需委托厂家来做。

2）对定位进行综合描述

对上述每个格的底下要有详细描述（文字），把每个格的文字描述综合起来，有文字、数据、表格等构成定位综合描述。

生活形态意向图（Image Board）在国际上通用，有两种形式。

① 用户生活形态意向图（针对消费者）：对所选择的消费者所喜欢的物品、崇拜的人、目标、生活用品、颜色等贴在一个板子上，使之转化成视觉形象，人为的创造一个可视环境，使设计师很直观的认识消费群体，对设计师起到潜移默化的作用。如图 5—2～图 5—3。

图 5—2
用户生活意向图（女性）

图 5—3
用户生活意向图（男性）

图 5—4
产品形态定位图

　　② 产品形象定位图（针对产品）：对产品所使用的环境及使用该产品时所使用的别的产品等贴在一个板子上，如设计水下相机，那么旅游服、潜水衣、潜水镜、鞋、帽等贴在板子上，使这些产品的色彩、造型一目了然。这有助于设计师把握产品的设计方向，使设计的产品最终能与周围环境、产品相协调。还可以并不是产品的具体形状，如调查结果用户喜欢柔和、甜美的形态，用一个具体形象摆在那，把一个抽象的词具体化，从而给设计师一个直观的视觉效果。如图 5—4。

　　上述方法使设计师或者老板能一目了然该产品所处的环境，激发设计师的灵感，是创作的源泉，这也使设计的产品与使用它的环境相协调。

　　3）用户问卷调查

　　优点：成本低，普及面广。

　　如：Comdex 美国人办的全世界计算机会展，每个看展览的人在入馆前要填写一份很详细的调查表，由服务人员输入到电脑里，然后给你一个磁卡；当你在看展览、拿资料时不用拿自己的名片换，只需插入磁卡即可，这样厂商就有用户的调查资料。那Comdex也把调查资料卖给厂商，不过价钱很贵。

缺点：数据的可靠性差，不利于了解深入的问题。

4）用户问卷表设计

要求

① 字迹清楚，语言幽默。

② 问卷表的问题要力求简单、明确。以图、文、漫画相结合的形式表达为宜。

③ 问卷表设计的别太长，一般别超过一页纸。

提问内容：

① 基本情况：居住地、性别、年龄、收入、职业、家庭、工作地点、教育程度、住房、业余爱好、审美取向等。

② 与调查项目有关的情况：该产品的拥有状况（是否已拥有），需求程度、购买意愿（品牌、 价格、服务、外观、质量、使用及功能要求等）。

③ 问卷表的数量一定要多才有规律性。

5）产品外观的调查方法

① 产品外观调查方法：提供几款当前市场上典型产品的图片，如图5-5电视机，把最前卫，最保守，有代表性的电视机展示出来，以调查消费者对电视机外形的认识。

② 问题设定：差别很大，差别不大，没有差别都喜欢，都不喜欢，有的喜欢，有的不喜欢。

若答案是差别不大，说明人们购买电视时外观没起多大作用。一个物体对视觉刺激色彩是第一位的，形态是第二位。有时一个产品的改进设计，光变色彩也可以引人注目，如IVECO公司生产的货车寿命长达5～10年，更新慢。那么公司专门有一部门对旧车进行色彩变化，这样会给用户新的视觉刺激。这里所指的"旧车"是指外观过时，但又会引起一定的消费产品。

③ 产品外观调查意义：需要在外观做多大程度的改进才能引起用户的注意，从而使企业决定在外观设计上投入多大的精力。如医疗器械和一般消费品不一样，比较重视功能；而香水瓶、时装的外观就非常重要。因此，不同产品其外观重要程度是不一样。

④ 产品外观偏好的调查：产品外观偏好的调查可分两个阶段：一是设计前可选择市面上已有的产品。二是在创意过程中可把创意图放在调查表上，以得到产品调查的反馈信息，从而修改设计方案，最终把产品成功推上市场。如调查10个访问者，有5个产品，每个产品最喜欢5分、最不喜欢1分，如下表。

被访者＼产品	1	2	3	4	5
1					
2					
3					
4					
5					
6					
7					
8					
9					
10					
总分					

用户问卷调查表

一 个人情况：

1 性别 _____ 2 年龄 _____ 3 居住地 _____
4 年收入 _____ 5 职业 _____ 6 工作性质 _____
7 工作方式 _____ 8 受教育程度 _____ 9 住房情况 _____
10 业余爱好 _____ 11 交通工具 _____

二 对彩电认知程度：

1 是否已拥有 _____ 2 需求程度 _____
3 对功能了解程度 _____
4 对品牌了解程度 _____
5 经常使用的功能 _____
6 彩电易损部件 _____

三 关心程度：（最高分5分 最低分1分）

价 格	功 能	外 观	品 牌	色 彩	体 积	服 务	质 量

四 外观辨认：

差别很大 _____ 都喜欢 _____
差别不大 _____ 都不喜欢 _____
没有差别 _____ 有的喜欢有的不喜欢 _____

五 请为以下品牌彩电评分：（最高分5分 最低分1分）

	索 尼	松 下	东 芝	飞利浦	海 尔	长 虹	TCL	厦 华
档 次								
时 尚								
技术化								
功能感								
外 观								

图5-5

　　打完分后总分加起来可得出下列图5-6，还是以电视机为例（图5-6纯属虚拟，不做任何说明，仅为示例）。

6）形态语义的调查分析

每个产品的形态有它的象征意义，如形态的特征、档次等。创造一个产品一定要赋予其性格特征，如诺基亚针对不同的消费者、使用目的，开发出"时尚系列"、"品位系列"、"活力系列"、"超级秘书"等品牌系列。

要了解消费者对产品有什么感觉，如冷热感、工业感、家庭感、时尚感、活力感、技术化、拟人化、成人化、儿童化、男性化、女性化、传统与现代等等这些都可以画成散点图。如图5-7，以电视机为例（图5-7纯属虚拟，不做任何说明，仅为示例）。从图中看出重合越多，产品竞争越强；重合少，这方面产品开发的少。

企业向市场推出产品，不要一次推出。要分层次（档次）、阶段性推出，一批一批的推出，以防止同行抄袭。一旦抄袭，企业可以推出第二方案，第二方案被抄袭，可推出第三方案依次下去，企业才能在激烈的市场中生存下去，永远走在别人前面。

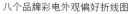
八个品牌彩电外观偏好折线图

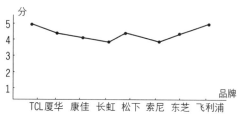

图5-6

八个品牌彩电形态语义分析(雷达图)

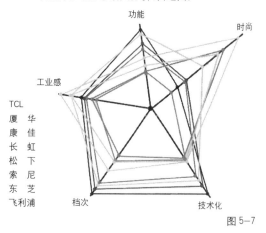

图5-7

5.3.2 使用状态分析

为了寻找或预演产品应用过程中存在的问题，为产品的设计或改进提供依据。

（1）现有产品问题的列举（改良性产品设计）。

（2）使用情景预演（像安全、影响健康等方面）故事板。方法可采用拍照、漫画等形式表达。

5.4 竞争研究

5.4.1 产品市场生命周期

竞争研究是以竞争为目的的产品开发战略，通过好的产品为竞争提供竞争手段，在竞争环境中取胜。

（1）产品演化规律的研究——产品市场生命周期学说

产品自诞生那天起就面临着生命终结的危险，研究产品的市场生命周期可以使企业更好地了解其产品的发展趋势，并针对各个阶段的特点采取相应的措施以获取最大的销售额和利润;同时也促使企业不断地开发新产品,淘汰老产品,提高产品的竞争力。产品的市场生命周期与生物的生命历程是一样的,都经历诞生、成长、成熟和衰退的过程。产品的市场生命周期就是指产品自进入市场到最后被市场淘汰的全过程。

产品的生命周期有五个不同阶段:产品的开发期、导入期、成长期、成熟期和衰退期。见图5-8产品生命周期图。

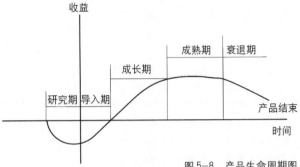

1)产品开发期:是指企业开发新产品时期,企业的投资逐渐增大,销售为零。

2)导入期:问题儿童产品(?)。是指向市场推出新产品,产品销量成缓慢增长阶段,销量低,企业利润较少。

这个时期的产品是靠新技术、功能的进步。这个时期开发的产品以表达功能为主,没有什么个性化的表现。在造型上选择人们十分熟悉的形象,便于消费者接受,以获得尽可能的认知度。消费者属于有钱,购买行为属于激进型。

图5-8　产品生命周期图

3)成长期:明星产品(☆)。产品已被消费者熟悉,被市场快速接受,销量迅速上升,企业获得丰厚的利润,利润已趋于最高峰。但这一时期对于企业很危险,竞争者出现(参与生产该产品的企业由一个变成十个,甚至更多)竞争加剧。像洗衣机、彩电…大战都在该期。处于成长期的中间时期有很多竞争者,后期竞争者少。

① 竞争手段:质量先导,成本开始下降。

② 消费对象:这个时期消费者的购买行为有激进型和普通型。因产品的成本已下降,已被消费者接受。

③ 设计重点:处于此阶段的产品开发应注重产品的新用途,款式的新颖及多样性;进入新的细分市场。如手机处于成长期,已出现多样性,像可换彩壳、男性、女性、高、中、低档等。

4)成熟期:现金牛产品($)。市场饱和,产品的销售增长率趋于下降,利润下降。竞争加剧,促使缺乏竞争的企业被淘汰。此时企业要开发市场的深度、广度,采取细分市场战略,注意产品的差异化。这一时期的产品已趋同质化的趋势,惟一可以产生变化的就是产品的外观、品牌战略。无形资产中的品牌升位,行业依赖品牌销售。

设计重点:该期是工业设计黄金期,应注重产品的多样化。设计师要挖掘其他厂家没有发现的市场空缺。这时期的产品多处于改良设计,费用少、时间短,保证生产线不变的情况下能够丰富市场。

5)衰退期:瘦狗产品(×)。产品销量迅速下降,产品的价格已降到最低水平。企业要延缓市场衰退把销售维持在一个低水平上。企业处于收割、保本战略。设计师在符合收割战略情况下,成本先导型,对产品进行减法设计。

(2)产品生命周期与设计

1)产品市场生命周期特征与设计战略的关系

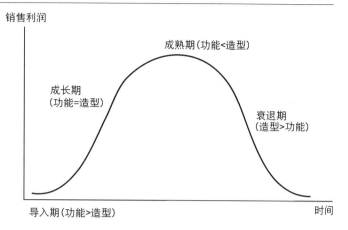

① 导入期：产品单一、简练，产品强调功能，功能比造型更重要。如 VCD，开始先推出单碟直至发展到三碟。产品特点：工具。

② 成长期：功能和造型接近。竞争加剧，处于"群狼扑食"的阶段。产品特点：器具。

③ 成熟期：这时的产品造型小于功能。产品特点：道具。

④ 衰退期：产品维持现状，逐步淘汰；这时期产品造型大于功能。产品特点：玩具。

如电话、摩托车等。60 年代在台湾有摩托车，它只是代步工具。以后普及了，家家都有，就是器具。再发展，各种牌子、造型的摩托车出现，品牌造型的不同代表不同使用者的层次、地位、个性。当汽车出现，并普及时，使用摩托车只是玩了。

⑤ 企业要不断的往前推出自己的新产品，否则就像很多企业，没有新产品跟上，企业马上垮掉。这种现象目前在中国很多。

下面为新产品生命周期图。

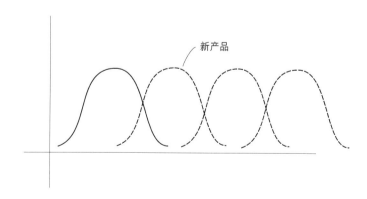

图 5-9　新产品周期图

⑥ 产品市场生命周期特征与设计战略关系表

特征	导入期	成长期	成熟期	衰退期
销售	销量低	销量迅速上升,销量最大	缓慢成长	销量迅速下降
成本	人均顾客成本高	人均顾客成本一般	人均顾客成本低	人均顾客成本很低
利润	亏损	增长(最高)	下降	很低
顾客	激进型	激进型+普通型	市场大众	落后者
竞争者	少数	增多	开始减少	减少
市场营销目标	创建产品的知名度和试用	市场份额达到最大	保护市场份额的同时争取最大利润	减少开支,挤出品牌剩余价值
价格	高价	下降	低的	最低
设计	技术导入、功能进步	扩展产品用途和款式	产品多样化、市场细分	减少成本、减法设计

2）产品设计与心理指标

生命周期层面	导入期(工具)	成长期(器具)	成熟期(道具)	衰退期(玩具)
功能	优越感	稳定感	阶层感、身份感	最低合理化
操作	安全感	胜任感	合理化、个性化、演示感	娱乐性、戏剧性
外观	新鲜感	认同感	创作感、趣味感、意义感、知识性、故事感、艺术感	意义感、知识性、故事感、艺术感

（3）需求层次及消费

1）需求层次图（马斯诺理论）

马斯诺认为人类的需求从低到高分五个层次：即生理需求、安全需求、社会需求（友谊、爱情、归属）、尊重需求和自我实现需求。马斯诺认为人的需求是逐级上升的，当人类低一级的需求得到满足后就会产生高一级的需求,再要求得到满足。这种理论早在我国古代著名思想家墨子在其："衣必常暖,而后求丽;居必常安,而后求乐。"中阐述了满足人类需求的先后层次关系。今天人们对产品已从"质"的要求上升到"情",这说明产品除实用外还要蕴含各种精神文化因素,以满足人类高级的精神需求。

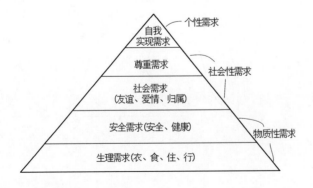

2）人的生命周期和消费生命周期

人的生命周期与需求图

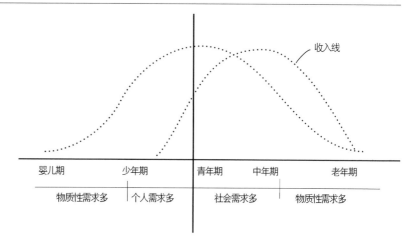

婴儿期	少年期	青年期	中年期	老年期
物质性需求多	个人需求多	社会需求多		物质性需求多

家庭生命周期与购买力

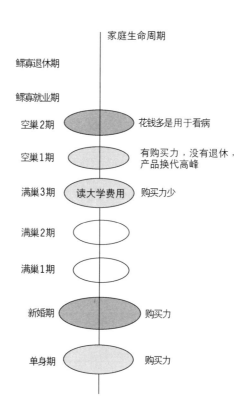

3）理性消费与感性消费

从马斯诺的需求层次论中发现理性消费与感性消费现象，理性消费与感性消费是一种动态的转换关系。理性消费更看重产品的功能、质量等实用性强的方面，而感性消费注重的是产品的象征性，风格化等。消费群的消费特征确定对产品的定位具有重要作用。

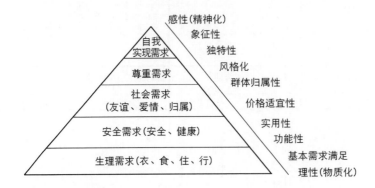

5.4.2　对市场竞争格局的研究

当企业要开发一个产品时，首先是对用户群的需求研究，其次是定位研究。

（1）竞争对手实力的研究

市场占有率，可通过"饼图"研究竞争对手在市场的占有率及自身的市场份额。

如研究彩电市场占有率，选出市场最具有竞争实力的几个彩电企业，通过饼图看出各企业所占市场份额，以研究企业自身今后的发展。

营业收入，可根据企业一年过手的资金有多少，判断该企业运用资金的能力。

资本收益率，代表企业手里有多少活钱。

（2）竞争产品的研究

竞争产品综合因素表

该表把各个厂家所有信息装进去，如外观、性能、广告代言人、词、术语、上市时间、促销方式等等列进表中进行分析、比较、研究。

竞争产品的性能比较——性能折线图

不需要把所有企业产品的性能进行比较，可以以市场占有率前10名企业作为竞争对象研究。

竞争产品的外观比较，可采用雷达图、气泡图表示。

竞争产品的价值分析。

（3）制定竞争战略

从市场吸引力、竞争实力去研究产品的竞争战略。

市场吸引力：是指市场的容量。如企业庞大，但市场小；企业进市场一下子就能充满市场，但企业挣不到钱。

销售增长率：指多卖产品的可能性，潜在需求大。

1）波士顿矩阵法

波士顿矩阵法主要是审定产品结构。见波士顿矩阵图5-10～图5-13。

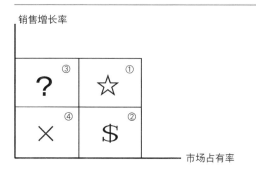

图 5-10

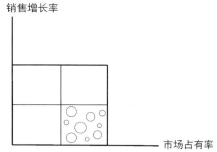

图 5-11

这是国内很多企业现状，没有第二、第三代产品，这样发展下去会很危险。(波士顿矩阵图1)

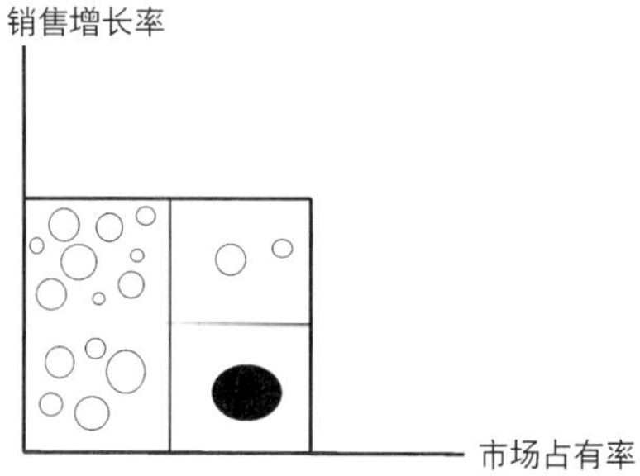

图 5-12

企业产业结构若出现黑球结构不好，相当危险。

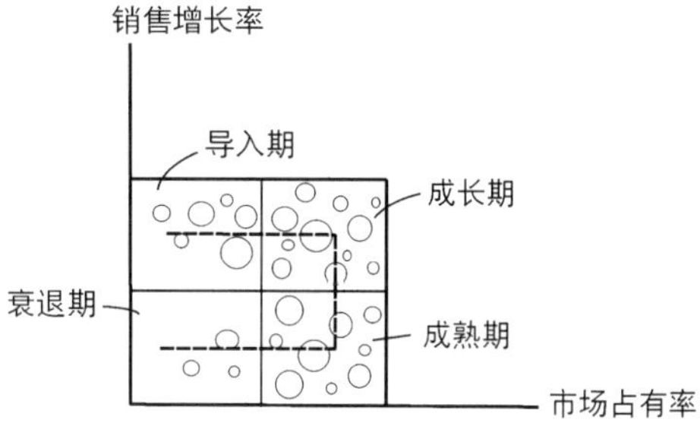

图 5-13

月牙形，好的走势。气泡越大越好，挣的钱可向导入期中投。

① 明星产品市场（☆）：

明星产品的销售增长率、市场占有率都处于双高。这时的产品还有很多事情要做，需加大投入，以便有更大市场。

② 现金牛产品（$）：

现金牛产品已处于成熟期，它的销售增长率低，市场占有率高。企业主要利润来源于该产品，投入小、收益大。企业应采取收割战略。

③ 问题儿童（?）：

问题儿童产品处于产品生命周期的导入期，产品销售增长率高、市场占有率低。企业应加大投入、广告、改进产品质量。

④ 瘦狗产品（×）：

属于衰退期产品，产品的销售增长率低、市场占有率低。企业应采取撤退战略、收割战略。

2）GE 法

GE 法是由美国通用公司在 20 世纪 40、50 年代发明的，图 5-14。

决定市场吸引力的因素：有市场规模、市场增长潜力、价格承受力、技术难度、投资强度、多样化的可能性、环境因素、社会因素等。

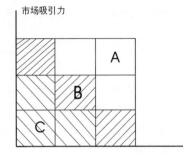

A 区：为值得投资的市场
B 区：盈利的市场
C 区：退出的市场

图 5-14

决定企业相对竞争实力的因素：有企业规模、市场份额（市场占有率）、资金能力（现金、贷款）、技术实力、企业形象、品牌价值、员工素质等。

5.5 价值分析简介

5.5.1 价值分析的基本概念

价值分析源于美国通用电气公司设计工程师麦尔斯，他的理论是"用户需求是产品的功能，而不是产品本身"。研究功能、价值、成本三者之间的关系，最后产生价值分析理论。他研究成果有以下几点：

（1）用户购买的实际是产品的功能。

（2）用户希望花钱越少越好。

（3）从功能和花费的关系提出"价值"的概念。

（4）研究产品的功能和实现该功能所投入资源的关系，提出提高价值的方法。

1）价值分析定义

价值分析是通过分析方法进行创造的活动。它研究产品如何以最低的成本，可靠地实现用户所需的必要功能，以提高产品价值，取得更好的经济效益的有组织的活动。

2）价值分析的应用

① 价值分析用于图5-15-d，采取降低成本、收割战略。降低成本的途径是以新材料、新技术代替老的。剔除无用功能或装饰（减法），使曲线再延长一些（虚线）。

② 价值分析用于图5-15-c，可能会产生派生产品。曲线2。它不是新产品，设计师工作往往集中在这。

③ 价值分析用于图5-15-b，成长期的后段，一般在第一个竞争者出现的时候产生的产品，是新产品，如曲线。有眼光的企业当你的产品出现第一个竞争者时，你应开发很多个新产品，同时进入成熟期，占满市场；会令竞争者措手不及、压力很大。如诺基亚手机分高、中、低档，可换彩壳。

④ 加速产品老化——人为地废止产品

让自己的新产品替代老产品，实际上是一种自我赛跑。如当企业推出第一代产品时，其第二、第三代产品已经研制出来，只不过企业把产品一个一个推向市场，然后压低价格，这样能挤垮竞争者。

⑤ 用于开发期，一开始就能降低成本，产品一推出就有很强竞争力；但很多企业不这样做，一般跟打牌一样，总是把坏的先打出去，留下好的。

图 5-16 为企业产品更新图。

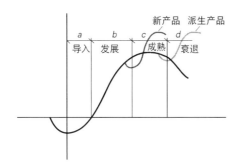

图 5-15　价值分析应用图

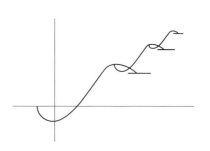

图 5-16　企业产品更新图

5.5.2　提高产品价值的途径

产品价值的提高有赖于产品的功能与成本之间关系的变化，见价值分析公式：

$$产品价值(V) = \frac{产品的功能(F)}{成本(C)}$$

根据这个公式可以演变出下列五种提高产品价值的途径：

（1）产品的功能提高、成本下降，这是一种提高产品价值最为理想的途径。

$$产品价值(V)\uparrow\uparrow = \frac{产品的功能(F)\uparrow}{成本(C)\downarrow}$$

（2）在产品成本不变的情况下，使功能提高，也能提高产品价值。如对产品款式、色彩等进行适时的设计，在不增加成本的情况下，提高产品的美学功能，以提高产品的价值。

$$产品价值(V)\uparrow = \frac{产品的功能(F)\uparrow}{成本(C)\rightarrow}$$

（3）功能不变，成本降低，价值提高。如新材料、新工艺的出现，使成本降低。

$$产品价值(V)\uparrow = \frac{产品的功能(F)\rightarrow}{成本(C)\downarrow}$$

（4）成本稍有增加，但功能却成倍或几倍地增加使价值提高。

$$产品价值(V)\uparrow = \frac{产品的功能(F)\uparrow\uparrow}{成本(C)\uparrow}$$

（5）适当的降低功能，而使成本大幅度下降，但仍可满足某些用户的需要，提高了价值。

$$产品价值(V)\uparrow = \frac{产品的功能(F)\downarrow}{成本(C)\downarrow\downarrow}$$

5.6　新产品开发

5.6.1　新产品开发战略

开发新产品是一条充满艰险的历程，因此降低风险是开发新产品的重要问题，解决这个问题需理清思路，明确新产品的开发战略。新产品开发战略分为：研究领域、目标领域、目标规划。每一内容详见新产品开发战略表。

新产品开发战略表

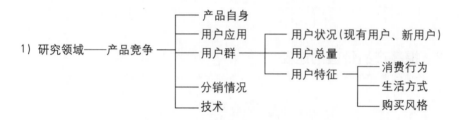

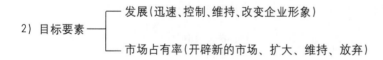

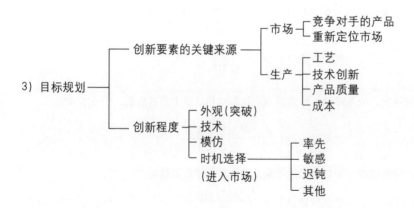

5.6.2 产品开发流程

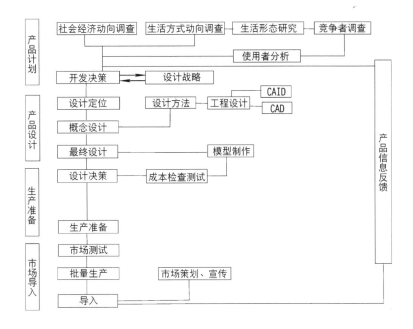

5.6.3 产品开发企业各部门之间的关系

5.6.4 产品开发设计要点

(1) 注意人性化设计

一个好的产品设计追求的是设计与人的高度适应性和功能形式的理想化,随着现代科学技术的发展和人们生活水平的提高,今天产品的设计价值已不仅仅体现在功能、经济及美观上,而是更加注重产品的实效性与人的亲和力,更加注重产品满足人的综合感受。这其中包括视觉、听觉、触觉、味觉及心理的各种感觉的需要。因此,设计的目的是使产品要符合用户的使用及心理上的需求,要对用户进行深刻的观察与研究,才能使用户在使用产品时感到满意。如诺基亚企业一直以"科技以人为本"作为指导思想,研发了许多轻、小、薄的产品,目的就是为了使产品合乎消费者的使用及心理上的需求。

(2) 注重科技的应用

了解和掌握最新科技信息对于企业和设计人员是十分重要的,只有及时掌握最新科技成果,并以最快的速度将其转化为新产品,才能使企业取得竞争优势,立于不败之地。

(3) 强调产品的个性化设计

今天是张扬个性的时代，人们拥有不同生活形态。消费者对产品的需求层次是多方面的，一个产品在人们生活中的意义是不一样的，使用的动机和功能要求也不同，因此，应不断加强产品的个性化设计。设计人员应根据不同的使用者、不同的需要、不同的层次，开发出不同的产品，以满足人们不同的需求。使设计更加多样化，使产品更具个性化。产品的个性化设计不仅反映在物质要素方面，而且也反映在文化、教育、艺术、生活方式等各个方面。

(4) 重视环境保护

工业社会的无限制发展和人类对自然界肆无忌惮的掠夺，已经留下严重的恶果，使生态平衡遭受破坏。因此，开发新产品要注意生态平衡，处理好制造—流通—使用—再利用这四个环节。要考虑到资源的合理开发和利用，还要照顾到产品的回收和再利用，这样才能有利于自然界的生态平衡，有利于人的身心健康和社会的进步，不使生态环境遭受污染和破坏。

第六章 案例分析

6.1 产品案例分析

调研前期准备

调研选题：摄像头　鹰眼 −850

选此款原因：此款摄像头是市场上销售数量最多的摄像头

调研前期分析

提问：

为什么这款摄像头卖得最好？

找出原因：

原因只有一个，此款摄像头定位很准确！

再提问：

为什么它的定位准确？准确在哪里？

解答：

这就是我要调研此产品的目的，目的是找到它的定位，评定出它的定位为什么准确。

因此需要调研如下内容：

- 整个摄像头的基本情况
- 摄像头鹰眼 −850 的内因调查
- 摄像头鹰眼 −850 的内因分析
- 摄像头鹰眼 −850 的外因调查
- 摄像头鹰眼 −850 的外因分析
- 推导出鹰眼 −850 的综合定位
- 对推测结果进行评定

电脑摄像头的调研

调研课题：对鹰眼 –850 电脑摄像头的调研

调研时间：2005 年 3 月 24 日～2005 年 4 月 8 日

调研地点：网络空间天津市鞍山西道

调研成员：刘羽

调研的具体内容

概述

〔 摄像头简介

        (CAMERA)

〔 摄像头的分类

A\D

USB

1   (SENSOR)

2   DSP(DIGITAL SIGNAL PROCESSING)

USB   PC

〔 摄像头的主要结构和组件

1   (LENS)

USB

(plastic)   (glass)

        USB

2   (SENSOR)

〔 摄像头的工作原理

3   (DSP)

DSP

602A   301P ST(LOGITECH

(LENS)

DSP   ) SUNPLUS OVT(OVT511

        A/D(   )   *OVT519   )*

4

(DSP)   USB   *3.3V 2.5V*

注：左为 CMOS 图像传感器，右为 CCD 图像传感器

摄像头的组成

1. （LENS）

（plastic）　　　（glass）
　　　　　　　　　1P　2P　1G1P
1G2P　2G2P　4G

（ 1P　2P　1G1P　1G2P ）
2. （SENSOR）

电荷耦合器件互补金属氧化物半导体

目前，市场销售的数码摄像头中，基本是CCD和CMOS平分秋色。在采用CMOS为感光元器件的产品中，通过采用影像光源自动增益补强技术，自动亮度、白平衡控制技术，色饱和媲美的效果。

受市场情况及市场发展等情况的限制，摄像头采用CCD图像传感器的厂商为数不多，主要原因是采用CCD图像传感器成本高的影响。

3. 数字信号处理芯片 (DSP)

在DSP的选择上，是根据摄像头成本、市场接受程度来进行确定。现在DSP厂商在设计、生产DSP的技术已经逐渐成熟，在各项技术指标上相差不是很大，只是有些DSP在细微的环节及驱动程序要进行进一步改进。

4. 图像解析度／分辨率 (Resolution)

摄像头的图像解析度／分辨率也就是我们常说的多少像素的摄像头，在实际应用中，摄像头的像素越高，拍摄出来的图像品质就越好，但另一方面也并不是像素越高越好，对于同一画面，像素越高的产品它的解析图像的能力也越强，但相对它记录的数据量也会大得多，所以以对存储设备的要求也就高得多，因而在选择时宜采用当前的主流产品。由于受到摄像头价格、电脑硬件、成像效果等因素的影响，现在市面上的摄像头基本在30万像素这个档次上进行销售。还有就是由于CMOS成像效果在高像素上并不理想，因此统治高像素摄像头的市场仍然是CCD摄像头。

鹰眼摄像头内部因素的调查

鹰眼 –850 摄像头实体本身因素

外形特点

鹰眼 –850 整体构造主要分以下几个部分：上部是镜头、中部是镜头的底托、下部是一个三角支架。

镜头部分是大致由两三个几何形体穿插相贯组成，简洁大方，与圆形的底托相协调，没有刻意和累赘的装饰。镜头上面有一个圆形的按钮，那是用来照快照的。靠近镜头前部还有一个旋钮，那是用于调焦距的。

底托部分可以和上部镜头两部分组成一个完整的摄像头，冷静的轮廓线条像雄鹰一样给人以严谨又敏锐的感觉。

另外还配了一副三角架，方便调节高度和摆放，就像一个微缩版的专业摄像机，精致、小巧。

□ 构造特点

LED

□ 色彩

□ 操作和使用方法

UBS

　　炫酷冷峻、品位不俗是全金属外观鹰眼850的最大特色。850型全金属夜视摄像头的推出，标志着鹰眼系列摄像头产品迈向了一个更高水平的新台阶，它不仅丰富了该系列的产品线，且将保持其独特的外观设计，不会被他人所轻易仿制。超炫的金属质感加上大方的几何外形，850几乎是人见人爱，更不用说它还有更实用的红外线夜视功能了。

表面处理是喷涂

镜头表面透明罩是
PMMA；价格比较便宜
旋钮是用于调焦距
用的

上部有一个
快照按钮；
　下部可拆卸
的三脚架

■尺寸\体积\重量
  230 ,   70×65×35(   )
■材料
      ABS
■性能指标

		-850
130	CMOS	
		640×480
	24	
	320×240 30 \	
	640×480 30 \	
	4.86×3.64	
	USB	
48	15 \ 220LUX)	
	72	
	5cm	
	Window95\ME\NT\2000\XP	

■功能

　　"鹰眼"摄像头具有独特的夜视功能：即使是在黑暗中，"鹰眼"摄像头依然可以看到清晰的图像，就像动物界的猫头鹰一样，于黑夜中捕获猎物毫厘不爽。之所以有这样独特的功能，是因为"鹰眼"摄像头一是采用了红外线照明灯，当外界光线变暗时，光敏传感器就会自动将环境光信息传达给中央处理器，然后红外线灯就会自动打开。二是采用了彩色玻璃镜头，镜头内置了红外滤光片，白天可以滤掉多余的红外光，呈现五彩缤纷的鲜艳色彩；夜晚当红外灯打开时，则会去除多余的杂波，令图像更加清晰。与市面上普通的黑白镜头相比，采用彩色镜头的"鹰眼"更清晰也更加色彩艳丽。

　　价格：110~130(   )
　　使用寿命：2~4(   )

◖ 鹰眼-850摄像头生产技术因素
■成本
　　　　:20   (,   )
■使用部件

■装配方法

■设备

■加工方法和成型工艺

■ 表面处理

鹰眼摄像头内部因素的分析

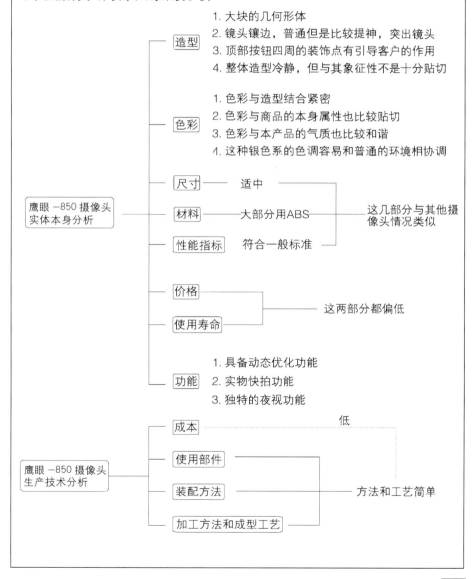

造型
1. 大块的几何形体
2. 镜头镶边，普通但是比较提神，突出镜头
3. 顶部按钮四周的装饰点有引导客户的作用
4. 整体造型冷静，但与其象征性不是十分贴切

色彩
1. 色彩与造型结合紧密
2. 色彩与商品的本身属性也比较贴切
3. 色彩与本产品的气质也比较和谐
4. 这种银色系的色调容易和普通的环境相协调

尺寸 —— 适中

材料 —— 大部分用ABS

这几部分与其他摄像头情况类似

性能指标 符合一般标准

价格

使用寿命

这两部分都偏低

功能
1. 具备动态优化功能
2. 实物快拍功能
3. 独特的夜视功能

鹰眼 −850 摄像头实体本身分析

鹰眼 −850 摄像头生产技术分析

成本 —— 低

使用部件

装配方法 —— 方法和工艺简单

加工方法和成型工艺

鹰眼摄像头外部因素的调查

(对消费者的调查

■年龄

■生理特点　　　　　　　　　　　　　　　知觉性强

■心理特点

■文化程度

■价值观念

■生活方式　　　　　　　　　　　　　　　简约型

■收入支出

■生活阶层　　　　　　　　　　　　　　　高层

■审美喜好

■性格习惯

生理因素

1.

　　　　　　　　　　　　　　　　　　2.2*5.7　*

10

2.

　　　48

心理因素

1.

2.

对使用环境的调查

时间因素

1.

                    CMOS   CCD

2.

空间因素

1.首先不要在逆光环境下使用，尤其不要直接指向太阳，否则"放大镜烧蚂蚁"的惨剧就会发生在您的摄像头上。其次环境光线不要太弱，否则直接影响成像质量。克服这种困难有两种方法，一是加强周围亮度，二是选择要求照明度小的产品。而此产品性能比较符合一般要求。

2.鹰眼摄像头外部因素分析

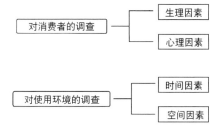

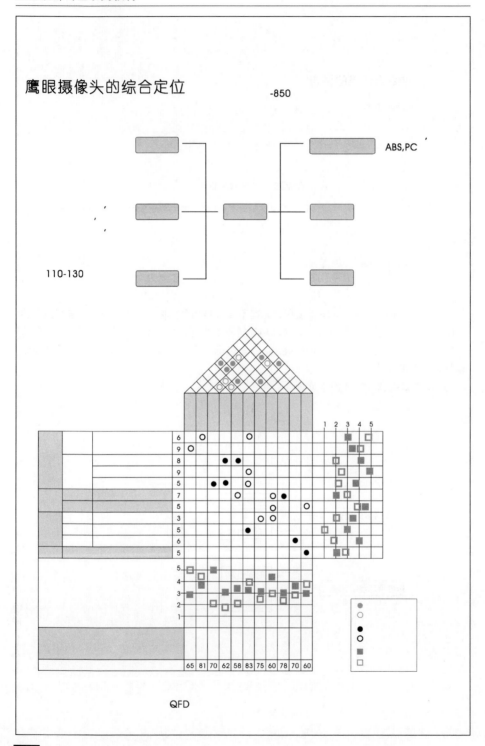

鹰眼摄像头的综合定位

-850

ABS,PC

110-130

QFD

鹰眼摄像头的综合评定

=		0	+	++

5%	0-5%		0-5%	16%

2	2-4	4-6	6-8	8

5%	5-10%	10-20%	20-40%	40%
		3	2	1
	1	2	3	3

评定项目内容及评分

\

	-850	5	
		4	
		5	
		5	
		3	
		0	
		4	
		5	
		4	
		4	
		3	
		4	
		5	
		5	
		5	
		4	
		1	
		2	
		5	
		4	

⑪

评定结果〔   ，   〕

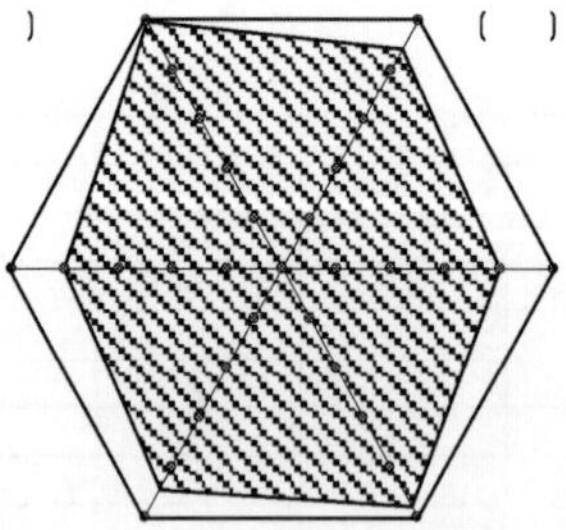

6.2 产品案例设计过程

6.2.1 礼品电话设计（设计：刘羽）

一、项目接收单

内外部评审（外型、结构通用表格可另加插页）

项目名称	电话机设计
项目周期	2004 年 2 月 27 日～2004 年 4 月 10 日
项目负责人	
内部评审	草图 20 张，经过内部评审，选出三个方案，进入三维建模阶段和效果图制作阶段。
客户评审	三款方案中选择了 A 款和 C 款作为最后的确认方案。整体造型基本通过，局部作最后的细节调整。

二、客户诉求及材料清单

客户诉求及材料清单（可另加插页）

委托方（甲方）	****** 电子有限公司	受托方（乙方）	**** 产品设计公司
项目名称	电话机外形	开始时间	2004 年 2 月 27 日
项目器件描述	1. 有一电话机手柄（内藏电路板一个） 2. 底座有一电池箱内有三节七号电池 3. 有一水晶球内有 LED 发光二极管		
工作原理描述	一般电话机工作原理		
设计定位描述	目标用户	普通话机用户，年轻人（讲究时尚）	
	功能定位	普通话机功能，并带有来电显示	
	价格定位	2.5～3.5s	
	设计方向	时尚型、个性化、情趣化	
	主要卖点	带有特殊功能（水晶来电闪）	
	使用环境	家庭及办公环境等	
	工艺及成本控制	低成本、主要用 PC、pp 材料等	
设计要求	主要成本价格低廉，结构简单		
备注	无		

委托方负责人签字（甲方）：　　　　　　　　　　受托方负责人签字（乙方）：
　　　　　　年 月 日　　　　　　　　　　　　　　　年 月 日

三、市场调查

（一）调研报告

电话机的分类

电话机从功能上可分为：

1．普通话机：没有附加功能的电话机，如HA288P/T。

2．带存贮功能的话机：具有可事先存贮多个号码的电话机。如HA881P/TS，其中"S"表示存贮功能(STORE)。

3．半免提话机：具有不拿起手柄就可以拨号并能听到信号音及对方讲话功能的话机，但若要讲话必须拿起手柄。如A281P/TSD，其中"D"表示半免提话机。

4．全免提话机：具有不拿起手柄就可以拨号、讲话与听话功能的话机。由于目前技术采取的都是半双工式，在免提状态下往往感觉不十分舒服。这是因为传输是单向的，即听的时候不能讲，讲的时候不能听，如果都讲必定有一方听不到。

5．长途加锁话机：具有长途电话有权限制功能的话机，如HA8322P/TL，其中"L"表示具有长途加锁功能(LOCK)。

6．自动应答话机：主人有事外出，当电话打来时需要告诉对方主人到哪里去或什么时间回来等简单信息。使用该种电话只能自动应答，不能将对方的讲话录下来，如"HA828P/TA，其中"A"表示具有应答功能(ANSWER)。

7．录音电话机：具有自动应答，来话录音，双方通话录音功能的话机。录音方式有磁带录音方式与集成电话，录音方式，前者录音时间较长，声音保真度较高，后者可靠性高，但一般录音时间较短。如HL228P/T，"HL"表示录音电话。

8．无绳电话机：该种话机的手柄与话机主机之间没有连线，主机到手柄的信号传输是通过无线信号传输的，因此拿着手柄可以在距离主机一定范围内使用电话。如HW788P/T，其中"HW"表示无绳话机。

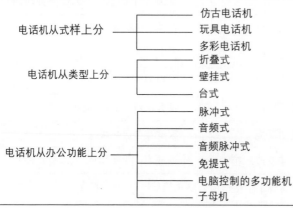

电话机的发号方式有两种：脉冲发号方式和双音频发号方式。它是配合相应交换机而设计的，为兼顾两种制式，现脉冲、音频兼容式话机很普通。它通过一个开关来选择，用P/T（脉冲PULSE/TONE音频)表示。

电话机的分类

| NEC | OKI | 敏迪 | 东芝 | 三星 | 西门子 | 松下 | 飞利浦 | 通广 | 爱立信 | 宝利通 |

选择几款进行细分

三星

DCS－12B 无显示数字专用电话机

全免提、全热键
8 个功能键（重拨、速拨、免打扰、免提、转接、中继闪断、保留、应答／切断）
12 个可编程键（8 个三色指示灯，4 个红色指示灯）
音量调节按键
8 种振铃音调
内置扬声器
支持附加专用／普通分机子板
支持接收、呼出寻呼
支持耳机模式

DCS－12B 液品显示数字专用电话机

全免提、全热键
8 个功能键（重拨、速拨、免打扰、免提、转接、中继闪断、保留、应答／切断）
24 个可编程键（16 个三色指示灯，8 个红色指示灯）
音量调节按键
两行 32 位液品显示
可调节液品显示屏角度
内置扬声器
支持附加专用／普通分机子板
8 种振铃音调
支持 ISDN 来电显示
支持接收、呼出寻呼
支持耳机模式
可挂墙上

DCS－6E 液品显示数字专用电话机

4 个功能键（转接、中继闪断、保留、免提）
6 个可编程键（红色指示灯）
音量调节按键
两行 32 位液晶显示
内置扬声器
支持来电显示
支持接收、呼出寻呼
支持耳机模式
可挂墙上

DCS E\KTS 无键不显示数字专用话机全免提、全热键

4个功能键（转接、速拨、重拨、免提）

音量调节按键

多功能指示灯（来电指示、状态指示、留言灯）

内置扬声器

8种振铃音调

AO\1

可附接于按键数字话机48个按键（三色指示灯）通过按键直接转接可直观分机使用状态

飞利浦

（一）飞利浦全数字集团电话特点

1．采用两个芯配线，无极性，安装容易，维护简单。

2．真正全数字ISDN系统，主机交换及传输均为全数字式，采用TDM/PCM技术，可同时传输语音与数据。

3．ISDN 2B/D科技，领先数字化处理，一条两芯线上可同时传输两路语音或数据。

（1）2B+D分机端口的展开，使分机容量增倍，

一个2B+D数字端口可接二部数字话机；

一个2B+D数字端口可接一部数字话机及一部模拟设备；

一个2B+D数字端口可接二部模拟设备。

（2）同时传输语音及数据。

（3）实现秘书插话功能，DX—30(D)话机同时进行内、外线双路通信。

（4）多重避雷设计、耐压1500V，高于一般电话系统之美国FCC标准800V。

（5）内部通话无阻塞：采用TDM/PCM数字技术，内部通道绝不阻塞。

（6）远端遥控维护，可大量降低维护成本。

（7）采用菜单式编程，界面友好，一目了然。

（8）通话中编程：编程话机可在通话状态下进行编程。

（9）超强电脑话务员功能：转接仅需0.2秒、音质高保真、忙线立即回报、转接后听到回铃音。

（10）系统增加板卡，即插即用，无须耗时设定。

（11）采用ASIC超大规模集成电路：使零件减至最少、成本降低、电路配置专业化、故障率低。

（12）产品系列化好，扩容弹性大，扩容简单，且成本最低。

（13）品质保证PHILIPS世界知名品牌：ISO9001系列认证、1991年日本戴明奖。

（二）飞利浦全数字集团电话功能的特色

1．秘书插话(OHVA)：通过2B+D渠道、DX—30(D)话机在不中断通话状态可以直接应答分机，即同时进行互不干扰的两路通话。

2．内外线跟随：分机可在情况下将电话转移至其他分机，分机可将电话转移至一外线号码。

3．广播(安装专用话机价格具竞争力)。

4．分机自我测试，分机自动侦测状态以利维修

者判断。

5．外线进出线限时通话警告或切断。

6．系统控制：服务等级日夜切换100组长途拨号控制。

7．随身密码：D1 20，600组；D60SA/D60A，150组。

8．分机密码锁定。

9．四方会谈：其他系统会谈功能会使音量变小，而PHILIPS采用数字技术，声音不衰减。

10．外线暂留(CallPark)：任一分机皆可接听等待回话之外线。

11．监听：监听时音量不衰减。

（三）飞利浦全数字集团电话之数字话机与模拟系统或数模系统相比较，飞利浦全数字集团电话的重要特色是大规模采用数字话机。因为只有采用数字专用话机，集团电话才是一个完整的系统，才能真正作到高效、便捷。飞利浦数字话机语音采用数字技术处理，清晰高保真，可避免模拟单机在拍叉簧时的断线、误保留引起转接失灵、乱响铃等现象。

（四）飞利浦数字话机的特色功能

1．广播：可实现全体／分机／单一话机广播。广播是集团电话使用频率最高的功能，所有模拟单机均无法实现的功能。

2．外线暂留：可将外线暂时保留于系统中，让被呼叫者在任一分机上接取该外线。一般情况配合广播使用。

3．直拨内／外线：可将任一数字话机设定成摘机(或免提状态)直拨外线号码；挂机状态直拨分机号码(利用热键盘)。

4．独创热拨号盘，不需摘机也不需按免提键即可拨号。

5．代接：同一分机群代接或直接代接响铃分机。

6．拥有重拨及特定重拨、交替通话、闹钟、跟随、四方会谈等专用话机的所有功能。

7．所有操作均简单、易学、易用。

（五）飞利浦电话的类别

PHILIPS TD-6801

PHILIPS TD-6802

1．流线型轮廓,凸现美丽与高贵

2．音频拨号

3．3组单键直接提取常用号码

4．10组电话号码存储设有暂停键,方便接入小交换机

5．末码重拨

6．闭音

7．振铃发光指示,铃声大小调整及关闭

8．黑、白、紫、黄、水蓝五种外壳颜色

9．中国信息产业部颁发入网型号：HAI888TS

1．造型古朴、稳健、庄重

2．音频拨号

3．末码重拨

4．振铃发光指示

5．设有留言指示灯,适合接入酒店交换机

6．两组单键直接提取常用号码（仅限于TD—2802型）；10组电话号码存储（仅限于TD—2802型）

7．设有闪断键、暂停键,R键（仅限于TD—2802A型）

8．铃声音量可调（仅限于TD—2802A和TD—2802B型）免提拨号及通话,话音大小可调（仅限于TD—2802B型）

9．灰黑、乳白两种外壳颜色

10．中国信息产业部颁发入网型号：HAI888(2)TS

1．全双工通信,20信道自动/手动扫描

2．65,000组密码防止串线盗打

3．单键存储电话号码

4．40种铃声选择

5．可设置铃声开关

6．外线音乐保留功能；子机超距离报警和低压提示

7．单键重拨功能

8．待机、通话、振铃三色发光指示

9．灰黑、乳白两种外壳颜色

10．中国信息产业颁发入网型号：HWI888(1)TS

1．全双工通信,20信道自动/手动扫描来电显示

2．FSK/DTMF双制式自动识别

3．65,000组密码自动组合,防止串线盗打

4．可存储40组常用号码,两组单键存储手机预拨号功能,单键重拨,遇忙自动追拨

5．可设置50组限拨号码和设置电话费率

6．子机40种铃声选择,可设置铃声开关

7．可保留55组来电显示信息和45组去电信息

8．外线音乐保留功能

9．闹钟功能

10．子机超距离报警和低压提示

11．待机、通话、振铃三色发光指示,灰黑、乳白两种外壳颜色

12．中国信息产业颁发入网型号：HWI888(1)TSL

西门子电话

商慧系列电话机荣获德国汉诺威设计大奖,按键采用双色注塑技术,永不磨损,还能兼容各种程控交换机,桌墙两用。

脉冲、双音频基础型电话机

1．三级振铃音量调节

2．兼容各种程控交换机

3．弱信号、低馈电情况下也能正常工作

4．可在偏远地区使用

免提型多功能电话机

1．超清晰免提话质商务谈判多对一功能，4种可选振铃音调，7级振铃音量调节

2．10个一次拨号键

3．特记号码储存功能

4．可编程选择最多3位外线码，并可自动插入暂停时间

高级无磁带数字答录电话机

1．数码录音，原声回放，遥控听取留言并编辑

2．超清晰免提话质

3．商务谈判多对一功能

4．40种可选振铃音调，7级振铃音量调节

5．五国文字、通话计时液晶显示

6．特记号码储存功能

7．10个缩位拨号电话号码储存

8．可编程选择最多3位外线码，并可自动插入暂停时间

脉冲、双音频基础型电话机

1．通话中快速储存的备忘键

2．3个一次拨号键

3．10个缩位拨号键

4．三级振铃音量调节

多功能液晶显示免提按键电话机

1．超清晰免提话质

2．一人讲，全家听功能

3．4种可选振铃音调，7级振铃音量调节

4．16个一次拨号键通话计时多功能液晶显示

5．密码电子锁，轻松锁长途

6．闭音功能

免提多功能电话机

1．超清晰免提话质快速储存的备忘键

2．三级振铃音量调节

3．告别卡键，杜绝误拨工作指示灯，使操作一目了然

高级无磁带数字答录电话机

1．数码录音，原声回放，遥控听取留言并编辑超清晰免提话质一人讲，全家听功能

2．40种可选振铃音调，7级振铃音量调节五国文字、通话计时液晶显示

3．特记号码储存功能

4．10个缩位拨号电话号码储存

5．可编程选择最多3位外线码，并可自动插入暂停时间

　　电子记事簿系列电话机具有电子记事簿功能，即在通话同时可储存电话号码，而且在储存电话号码时，还可手动插入暂停时间。机壳中含有刊NUV，N成分能够抗紫外线、防氧化、防褪色。

　　脉冲、双音频基础型电话机

　　振铃音调可调，3 个一次拨号键，10 个缩位拨号键，闭音功能，桌墙两用。

　　多功能液晶显示免提按键电话机

　　神机妙算，独言共听功能，闭音等待，音乐相伴，最后5个已拨号码重拨，超清晰免提话质，3级手柄音量调节，10种可选振铃音调，7级振铃音量调节，32个一次拨号键，通话计时，多功能液晶显示。

　　脉冲、双音频基础型电话机

　　抗雷击及无线电干扰能力，强弱信号，低馈电情况下也能正常工作，适用于偏远地区，最后号码重拨功能，适用于小型程控交换机，具有P/T转换及"R"键功能，三级振铃音量调节，单板设计，布线精练，墙桌两用。

　　西门子公司是世界上最大的两家电话机生产商之一，致力于开发及生产包括有绳和无绳电话机在内的众多通信终端产品，自1995年11月第一台西门子电话机投入中国市场以来就倍受用户青睐，现已拥有商慧、宜佳、无绳和新千年最新推出的电子记事簿等四大系列电话机。西门子电话机经典的外型设计洋溢着欧洲时尚风范，德国西门子严格的质量保证体系确保了优异的产品品质。西门子电话机还有许多独具匠心的功能设计专为不同类型的客户而度身定做。

　　免提型多功能电话机

　　4 种振铃音调及7级振铃音量选择，全免提及扬声通话（大家听）功能，10 个一次拨号键，最后号码重拨及特记号码储存功能，闪断时间可调，适用于不同制式程控交换机，墙桌两用，可编程选择最多3位外线码，并可自动插入暂停时间，单板设计，布线精练，采用西门子设计专用8位微处理器。

```
                    ── 商惠系列电话机
                    ── 宜家系列电话机
产品系列 ───────────── 无绳系列电话机
                    ── 电子记事簿系列电话机
                    ── 800 系列电话机
```

（一）主要特点

　　1．典雅色调，美观大方，带给您舒适的视觉享受。

　　2．功能全面，友好的操作界面，充分考虑用户需求和使用习惯，真正体贴用户的设计

　　3．接收短信息可存储150组，同时还可存储99组订阅短信息

　　4．多达 99 组电话簿存储

　　5．可存储来电99组、去电99组

　　6．可存储话费账单12组、话费详单33组

　　7．具有 FSK 信号和 DTMF 信号的发送和接收能力

　　8．停电时话机有备用电池仍可正常使用信息功能

　　9．具有背光功能

宝丰集团电话

（二）基本功能

1．可发送和接收短信息。

2．可选择配置无线红外键盘，轻松输入，能大幅度提高输入速度。

3．本机内置中文输入法，利用拨号盘上的数字键可实现拼音输入，其三个子信箱可分别设定密码，保护用户个人信息。

4．如有新信息未阅读，会有LED闪烁以提醒用户。

5．用户能查询信息接收时间、内容、号码，并可以方便的选择转发、回复、储存、删除或直接语音呼叫等操作。

6．短信息点播功能，既可依信息中心提供的菜单点播，也可以直接电话点播，随着信息中心的不断扩展，天气预报、股票行情、简要新闻、生活指南等信息不但会使您得到更多信息，而且会带来一种全新的生活概念。

SMS—361
短信息电话机

（三）其他功能

1．电话号码簿存储，其功能类似手机的号码簿功能，可以帮助用户记录常用信息并快速拨号。

2．兼有普通电话机的全部功能。

3．具有重拨、免提、静音等功能键，方便操作。

4．来电显示功能。

5．电子时钟显示，详细显示年、月、日和精确到秒的时间；

日历查询功能，能帮您快速找到百年内的阳历、农历对应的年、月、日及生肖等。

6．按键调节振铃音量，内置多种来电音乐选择。

7．未接来电会自动存储，并通过LED闪烁提醒用户查看未接来电号码。

8．可下载特色铃声和常用短语。

9．如果本机号码簿已存储了来电号码和来电者姓名等信息，来电时会直接显示姓名，用户可查询来电的时间、号码等，还可以方便的回拨。

SMS—352
短信息电话机

（一）主要特点

1．大屏幕液晶显示，可显示5行，每行11个汉字。

2．功能全面，友好的操作界面，充分考虑用户需求和使用习惯，体贴用户的设计。

3．接收短信息可存储150组，同时还可存储99组订阅短信息。

4．多达99组电话簿存储。

5．通话记录可存储200组。

6．可存储话费账单12组，话费详单33组。

7．具有FSK信号和DTMF信号的发送和接收能力。

8．色调典雅，美观大方，带给您舒适的视觉享受。

（二）基本功能

1．可发送和接收短信息。

2．可利用数字键盘和内置小电脑键盘方便地输入中文拼音、英文、数字、符号等。

3．独特的抽屉式小键盘设计，类似标准 102 键盘，实现快捷输入。

4．三个子信箱，可分别设定密码，保护用户个人信息。

5．如有新信息未阅读，会有 LED 闪烁以提醒用户。

6．用户能查询信息接收时间、内容、号码，并可以方便的选择转发、回复、储存、删除或直接语音呼叫等操作。

7．短信息点播和订阅功能，既可依信息中心提供的菜单点播和订阅，也可以直接电话订阅，随着信息中心的不断扩展，天气预报、股票行情、简要新闻、生活指南等信息不但会使您得到更多信息，而且会带来一种全新的生活概念。

（三）其他功能

1．无外接电源时，话机仍可拨打市内、国内及国际长途电话。

2．支持呼叫等待、呼叫转移、热线服务、呼出限制等电话新功能。

3．支持来电显示功能（需线路同时申请此项业务）。

4．电话号码簿存储，其功能类似手机的号码簿功能，可以帮助用户记录常用号码并快速拨号。

5．如果本机号码簿已存储了来电号码和来电者姓名等信息，来电时会直接显示姓名，用户可查询来电的时间、号码等，还可以方便的回拨。

6．具有重拨、免提、静音等常用功能键，方便用户操作。

7．电子时钟显示，内容详细，包括年、月、日和精确到秒的时间，星期显示和农历年、月、日等。

8．按键调节振铃音量，内置多种来电铃声音乐选择。

9．可下载特色铃声和常用短语。

10．未接来电会自动存储，并通过 LED 闪烁提醒用户查看未接来电号码。

四、电话机的评定

1．外观

外壳塑料光洁，工艺考究，各按键部位手感良好，不应有弹不起或慢弹现象。

2．声音

新购电话机在接通线路后，应检查振铃是否清脆，发话及受话是否清晰响亮，听筒中不应有尖锐的啸叫声及器材杂音。

3．功能检查

对于有多种功能的电话机、免提话机、录音话机、无绳电话机等还应逐项检查，电话按键、免提功能、充电显示灯、录音、声音，存储重拨、暂停等功能是否完好有效。

以上四个品牌的比较折线图(1-5分)

	1	2	3	4	5
造型					
色彩					
价格					
功能					
科技含量					
人性化					
体积					
其他					

- ● 三星
- ● 飞利浦
- ● 西门子
- ● 宝丰集团

用户偏好程度分析(1-5分)

	造型	色彩	价格	功能
分值	4	3	5	2
	科技含量	人性化	体积	其他
分值	3	3	2	2

电话机设计散点定位图

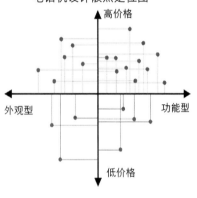

高价格
外观型 — 功能型
低价格

以上四个品牌的比较直方图

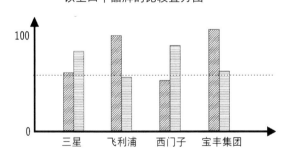

三星　飞利浦　西门子　宝丰集团

- ▨ 造型
- ▤ 功能

问卷调查表

1. 性别　　● 男　　　　● 女

2. 年龄　　● 2～15岁　● 16～25岁　● 26～40岁　● 40岁以上

3. 婚姻　　● 未婚　　　● 已婚　　　● 离异

4. 文化程度　● 初中　　　● 高中　　　● 大学　　　● 大学以上

5. 职业　　● 工人　　　● 农民　　　● 医生　　　● 教师

　　　　　● 公务员　　● 行政人员　● 科技人员　● 其他

6. 工作方式　● 脑力　　　● 体力　　　● 脑体结合

7. 平均家庭收入

　　　　● 600元以下　●　　600～1000元　● 1000～3000元　● 3000元以上

8. 每天使用电话的频率

　　　　● 偶尔1～2次　● 3～5次　　　● 非常频繁

9. 拨电话的习惯

　　　　● 左手　　　● 右手　　　● 左右手都可

10. 喜欢电话的造型

　　　　● 大众型　　● 时尚型　　● 怪异型　　　● 复古型

11. 购买电话所选颜色

　　　　● 淡雅　　　● 鲜艳　　　● 其他

12. 购买电话的价格

　　　　● 50元以下　● 50～100元　● 100～200元　● 200元以上

13. 购买电话机的种类

　　　　● 普通型　　● 多功能型　● 特种话机　　● 其他

14. 您对现在市场上的电话机还有什么看法和建议？

人们对市场上同类产品的满意度情况

语义形态分析——雷达图

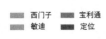

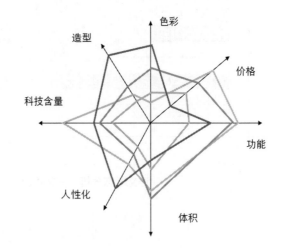

价格	48%
功能	85%
声音	76%
体积	50%
造型	42%
质量	75%

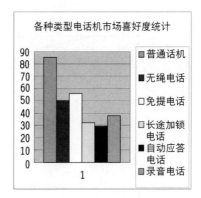

普通话机	85
无绳电话	50
免提电话	56
长途加锁电话	32
自动应答电话	29
录音电话	38

文字定位描述

根据上述分析，把电话机定位最终确认为以下几点：

1．电话机定位为带有普通话机功能的礼品电话，并且无需太多的科技含量，注重实用性。

2．价格定位在中低价位，适合大众的消费水平，材料工艺方面最好要求工艺简单可行，把成本降低。

3．产品针对青年人设计，所以在造型上可以夸张一点，有更多的创意，使其与现在市场上的话机造型相区别，但一定要符合工艺成本的要求。

4．设计要有特色，个性且活泼，使得该产品与同类产品不同，能大大吸引年轻人的需求。

5．色彩要靓丽、要跳跃、要吸引人。

市场分析变量定位描述折线图

变量					
性别	男			女	
年龄	2~10岁	11~15岁	16~29岁	30~60岁	60岁以上
	儿童	少年	青年	中年	老年
性格	内向	外向	前卫	保守	
婚姻	未婚	已婚	离异	独身	
职业	工人 学生 教师 公务员	管理人员	服务人员 行政人员	医生	专业人员
月均收入	600元以下	600~1000元	1000~3000元	3000~5000元	5000元以上
消费习惯	保守型	节约型	冲动型	铺张型	激进型
工作方式	脑力		体力	脑体结合	
受教育程度	初中	高中	大专	本科	本科以上
使用电话时间	长时间	一般	短时间	超长时间	
每天电话频率	偶尔一两次	三至五次之间		非常频繁	
电话的种类	普通电话	无绳电话	多功能电话	特殊功能电话	
拨电话的习惯	左手		右手		
月均话费花费	50元以下	50~100元	100~250元	250元以上	
电话摆放位置	办公室	客厅	卧室	其他场合	
电话的造型	大众型	时尚型	怪异型	复古型	
电话的色彩	淡雅	鲜艳	其他		
电话的声音	普通声音	彩铃声音	其他声音		

五、草图构思

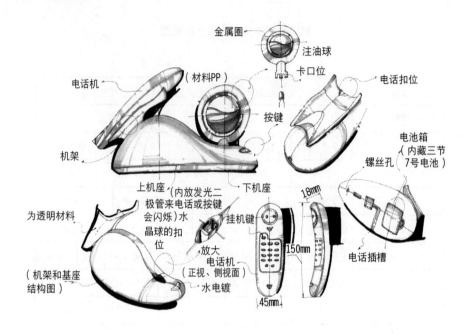

金属圈
注油球
卡口位
（材料PP）
电话机
电话扣位
按键
机架
电池箱
（内藏三节
7号电池）
镙丝孔
上机座
下机座
（内放发光二
极管来电话或按键
会闪烁）水
晶球的扣
位
18mm
挂机键
为透明材料
放大
电话机
（正视、侧视面）
150mm
电话插槽
（机架和基座
结构图）
水电镀
45mm

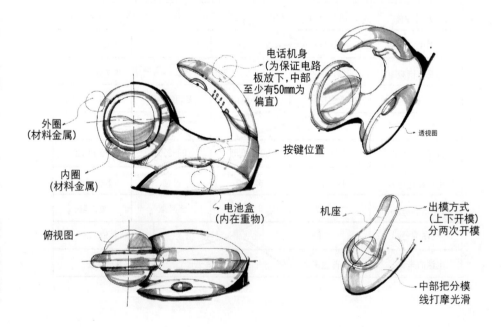

电话机身
（为保证电路
板放下，中部
至少有50mm为
偏直）
外圈
（材料金属）
透视图
内圈
（材料金属）
按键位置
电池盒
（内在重物）
机座
出模方式
（上下开模）
分两次开模
俯视图
中部把分模
线打摩光滑

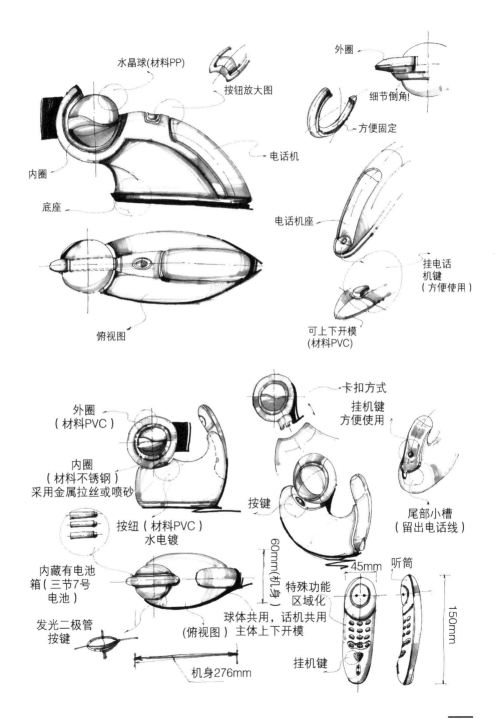

水晶球(材料PP)

按钮放大图

外圈

细节倒角!

方便固定

电话机

内圈

底座

俯视图

电话机座

挂电话
机键
（方便使用）

可上下开模
(材料PVC)

卡扣方式

挂机键
方便使用

外圈
（材料PVC）

内圈
（材料不锈钢）
采用金属拉丝或喷砂

按键

尾部小槽
（留出电话线）

按纽（材料PVC）
水电镀

内藏有电池
箱（三节7号
电池）

60mm(机身)

45mm

听筒

特殊功能
区域化

发光二极管
按键

（俯视图）

球体共用，话机共用
主体上下开模

150mm

机身276mm

挂机键

水晶之声

你聆听过水晶的声音吗？
也许它就在你温暖的床边，也许它就在你忙碌的书房。
它会调皮地眨着眼睛，告诉你亲人的挂念、朋友的祝福！
当你寂寞时，高兴时或难过时，不要忘了还有它，它会是
你忠实的老朋友，在你身边静静地听你的诉说！

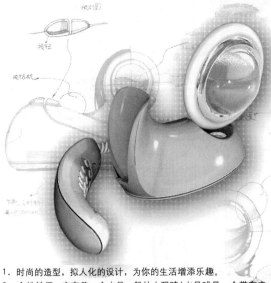

1．时尚的造型，拟人化的设计，为你的生活增添乐趣。

2．个性特征，它有着一个水晶一般的大眼睛（水晶球是一个带有来电闪功能的球体，把造型和功能相结合）。

3．艳丽的色彩是年轻人永远的追求，电话机的人性化设计，以年轻人的喜好为本，使其更贴近人们的生活。

4．材料的合理利用，这是设计最终成为产品的关键，设计师使功能和造型完美地相结合。

   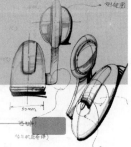

手版模型

1. 电话机底壳部分
2. 整体造型的正面图
3. 电话手柄的设计
4. 侧视图效果
5. 侧视图效果
6. 鸟瞰视图效果

任务书及客户沟通备忘录(可另加附页)

项目名称	电话机结构	项目负责人	
开始时间	2004年3月27日	合同完成时间	2004年4月10日

沟通过程记录时间：2004年3月31日

客户意见：

1. 壁厚为1.8mm，支架为2.5mm
2. 灯固定在底座上，将球直接放入即可
3. 球用超声波熔接方式(参考提样图)
4. 底座加一蜂鸣片(参考"花生电话")
5. 底座插线加固
6. 为模具留余量，紧配合处留0.2mm的间隙

签字：

沟通过程记录时间：2004年4月8日

客户意见：

1. 底座加卡线筋(片)足够牢固，所有走线处有筋
2. 做两个扣位，前后各一，中间打螺丝，从扣位上打进去(约10.6mm)，用直径 1.7mm螺丝
3. 话机支架采用卡位固定，同透明球固定方式
4. 球柄加大，使球能放入
5. 支架与底座固定处做成水平面(平行底面)，后加孔
6. 话筒同黄色耳机
7. 听筒与蜂鸣片同蓝色样机尺寸
8. 球注油处可局部置身
9. 改底座按钮外型
10. 听筒筋做高，用烙铁烫
11. 电路板位置改高

签字：

附页

电话机结构要求：

1. 1.2mm 原电路板(机身上板的功能为拨号和通话)。

2. 底座下放一块电路板，约30mm × 40mm(尽可能大)。功能是放灯和振铃，下部有电池盒(3节7号电池)。

3. 底座前端灯不用电路板。

4. 底座内须加铁块加重。

5. 底座间电话线是焊还是全做插槽(两处)待定。

6. 电话机是焊线还是插槽待定。

7. 主要按键处左上端做确认键，用于行程开关，此处引起电路板系列变化，包括开关行程，如不够须调整。

8. 做出结构时，提供线路板 CAD 图，以及线路板的装配示意图。

9. 支架最好全部用卡位或热压(不用胶)。

10. 球形部分分成两块做。球一部分，外圈另一部分，待确定。

11. 灯照亮球体从下面穿入。

2004 年 3 月 21 日

电话机结构确定：

1. 电话机是焊线方式。

2. 底座两条线采用插槽方式(一插槽，另一焊接)。

3. 球形超声波焊接，厚度：前壳为1.8mm，后壳为1.8mm，客户提供超声资料，确定最佳熔接方式。

4. 球的外圈采用扣位方式，不打螺钉。

5. 客户提供一球形件与底座扣位结构的样品。

6. 球的照亮结构尽可能内凹。

7. 塞子做在单边上，下能在接缝处。

8. 材料厚为1.5mm。

2004 年 3 月 27 日

外圈

材料：PP
PANTONE 658C

内圈

材料：不锈钢
（表面喷砂或拉丝）

球体

材料：PC

按钮

材料：ABS
（表面水电镀）

电话机内壳

材料：PP
PANTONE COOL GRAY 1C

电话机外壳

材料：PP
PANTONE 658C

电话机按键

材料：PP
PANTONE COOL GRAY 1C

上机座

材料：PP
PANTONE 658C

下机座

材料：PP
PANTONE COOL GRAY 1C

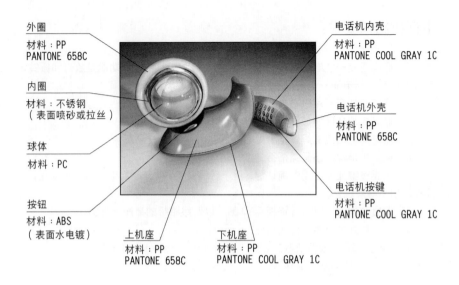

电话机外壳

材料：PP
PANTONE 5215

外圈

材料：PP
PANTONE 5215

电话机内壳

材料：PP
PANTONE COOL GRAY 1C

内圈

材料：不锈钢
（表面喷砂或拉丝）

电话机按键

材料：PP
PANTONE COOL GRAY 1C

球体

材料：PC

电话机托架

材料：PC（表面磨砂）
PANTONE 5215

按钮

材料：ABS
（表面水电镀）

底座上壳

材料：PP
PANTONE COOL GRAY 1C

底座下壳

材料：PP
PANTONE 5215

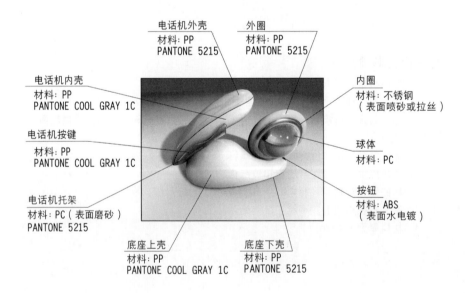

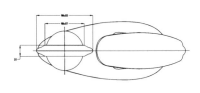

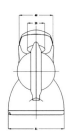

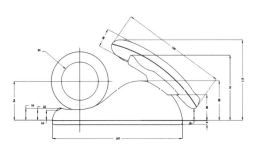

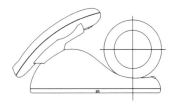

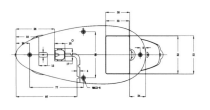

设计	刘羽		礼品电话					
制图	刘羽							
描图	刘羽		比例	1:3	数量	1	共6张	第1张
审核	张琲			天津科技大学				

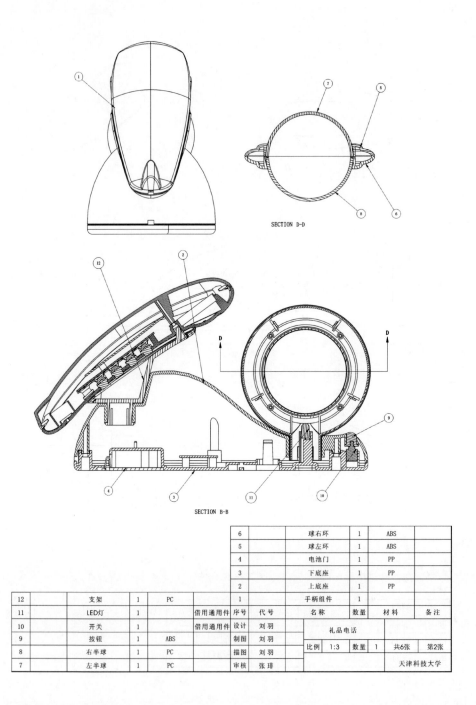

SECTION D-D

SECTION B-B

6		球右环	1	ABS	
5		球左环	1	ABS	
4		电池门	1	PP	
3		下底座	1	PP	
2		上底座	1	PP	
1		手柄组件	1		

12		支架	1	PC						
11		LED灯	1		借用通用件	序号	代号	名称	数量	材料	备注
10		开关	1		借用通用件	设计	刘羽	礼品电话			
9		按钮	1	ABS		制图	刘羽				
8		右半球	1	PC		描图	刘羽	比例 1:3	数量 1	共6张	第2张
7		左半球	1	PC		审核	张珺	天津科技大学			

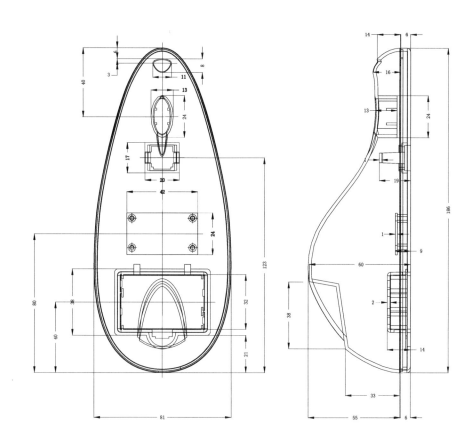

设计	刘羽		电话底座					
制图	刘羽		比例	1:1	数量	1	共6张	第3张
描图	刘羽							
审核	张珏				天津科技大学			

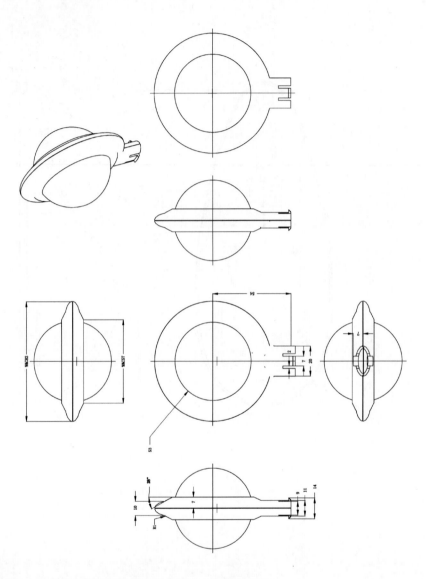

设计	刘羽		水晶球组件				
制图	刘羽		比例	1:1	数量	1	共6张	第4张
描图	刘羽						
审核	张琲			天津科技大学			

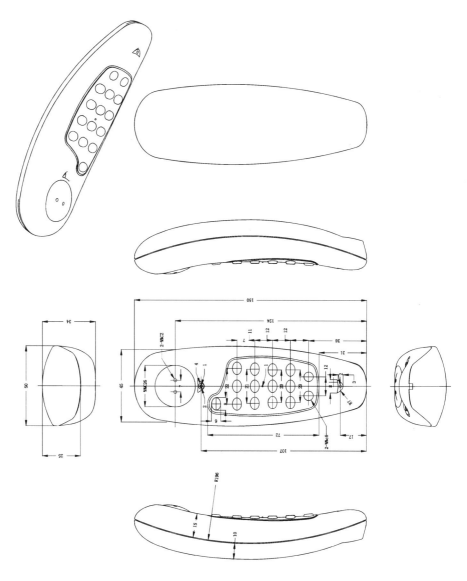

设计	刘羽		话机手柄					
制图	刘羽							
描图	刘羽		比例	1:1	数量	1	共6张	第5张
审核	张珺				天津科技大学			

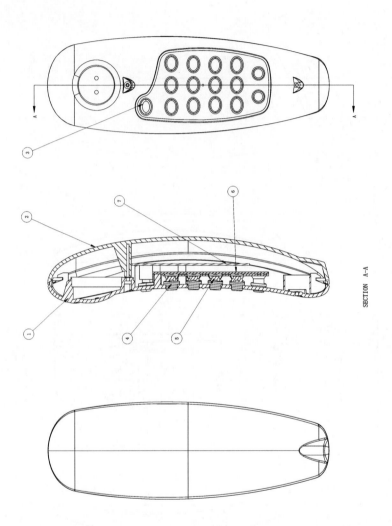

SECTION A–A

2		手柄后盖	1	PP	
1		手柄前盖	1	PP	
序号	代号	名 称	数量	材 料	备 注

7		电路板	1		序号	代号	名 称	数量	材 料	备 注
6		按键板	1		设计	刘羽	话机手柄			
5		硅胶键	1	硅胶	制图	刘羽				
4		按钮	1	ABS	描图	刘羽	比例	1:1	数量	1
3		确认键	1	PP	审核	张珀				

比例 1:1　数量 1　共6张　第6张

话机手柄

天津科技大学

6.2.2 红外线感应自动给皂机设计(设计:孙惠兵)

一、调研分析

调研课题:红外线感应自动给皂机

调研背景:随着许多日用新产品的出现,人们的生活水平和生活质量不断提高,同时,也逐渐改变了人们传统的生活方式。如自动给皂机改变了人们用传统香皂洗手、洗澡、洗脸、洗碗的习惯。为消费者提供了更多的方便。

调研人:孙惠兵

调研时间:2004 年 02 月 20 日~2004 年 03 月 10 日

调研地点:杭州大厦、天津商场、公共场所、星级酒店

红外感应自动给皂机是 21 世纪一个实用的全新的小家电产品。它采用红外技术感应人手,由单片机控制出液量,具有抗干扰能力强、无误操作、省电节能等特点。它有强力去污性,可有效去除皮肤表层之中的油污,并有除菌抗菌之效用,对皮肤无伤害,最适用于经常接触重油污的油田、煤矿、机修等工作人员手部肌肤的清洁养护。现在,各种清洁爽肤、营养滋润、强力除菌抗菌、强力去污、草本精华系列的液体香皂遍布各大超市、商场。然而,在使用过程中,人们仍无法告别瓶瓶罐罐,用油乎乎的手倒洗洁精的烦恼。为此,市面上出现了许多手动泵液器和红外线泵液器,但其价格较贵,主要用于星级酒店、宾馆。故要设计一种适应大众消费且能轻松除菌的自动给皂机。

红外线感应自动给皂机主要有:信号接受、传感器、执行命令、皂液量的控制系统和时间间隔控制。

红外线感应给皂机的工作原理是:

采用采用 Microchip PIC16C54 单片机、GR40101 红外发射二极管和 GD1611 硅 PIN 型光敏二极管作为红外发射和接收器件,微型电机 QDB - 30 - 3.0 作为泵液器驱动。系统采用单键模式完成暂停、设定泵液量等功能。电路采用节电方式设计,待机电流小于 100 μA,并可提供微型电机所需的 500mA 负载电流,可监测电池电压,欠压报警。

硬件设计通过控制各单元电路供电达到节能的目的,软件上利用 PIC 单片机的休眠、看门狗溢出唤醒特性以及对发射脉冲个数的控制进一步降低能耗,使其待机电流小于 100 μA,4 节 4 号碱性电池可提供 15000 次以上的使用次数或 200 天以上的使用时间。红外收发程序对提高泵液器抗干扰能力、降低泵液器能耗起着关键作用。经过实验选定一个发射脉冲频率使其对外界光干扰不敏感。为了最大限度地降低能耗,程序对发射脉冲的个数和方法进行设计,先发两个试探脉冲,若接收到,则按选定频率连续发 60 个脉冲,然后判断接收方收到的脉冲数是否在允许的范围内,若是则泵液,否则进入休眠模式,若接收未收到试探脉冲,则直接进入休眠模式。每次泵液器工作后,都检查电池电压,若发现电压低,立即由指示灯给出报警,提示更换电池。

R1、R5、Q4 组成红外发射电路,单片机 RA1 口输出一定频率的脉冲控制三极管 Q4 的通断,从而控制红外发射管 TX 的发射频率。由单片机 RA3 口为发射电路提供电源,是为了节能。当 RA1 口将要发射脉冲时,RA3 口置高,发射电路加电。RX(红外接收管)、R2、R11、R12、R13、R16、Q6、C3 组成红外接收电路,RX 接收红外脉冲,整形后由 Q6 放大。接收电

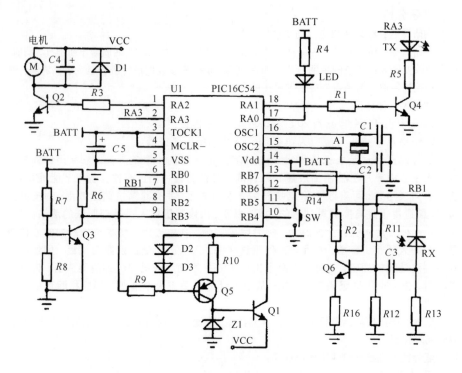

系统原理图

路必须严格控制放大倍数，确保红外反射接收距离在10cm左右。接收电路电源由单片机RB1口提供，在发射脉冲后，将RB1口置高。R6、R7、R8、Q3组成电池电压监测电路，当电源电压降到一定值时，Q3截止，单片机RB3口为高电平，欠压报警。D2、D3、R9、R10、Q1、Q5组成电机供电电路，提供微型电机所需的3V电压、500mA负载电流，当需驱动电机泵液时，由单片机RB2口输出低电平，Q发射极为电机供电。D1、C4、Q2、R3组成电机控制电路，泵液时先为电机供电，然后单片机RA2口输出高电平驱动电机运转。LED为工作状态指示灯，单一按键SW为多功能键，可完成设定出液量。

　　传感器是自动化系统和机器人技术中的关键部件，作为系统中的一个结构组成，其重要性变得越来越重要。广义上说，传感器是一种能把物理量或化学量转变成便于利用的电信号的器件。传感器是测量系统中的一件前置部件，它将输入变量转换成可测量的信号。

　　传感器系统原则，进入传感器的信号幅度是很小的，而且混杂有干扰信号和噪音，为了方便随后的处理过程，首先要将信号整形成具有最佳特性的波形，有时还需要将信号线性化，该工作由放大器、过滤器以及其他一些模拟电路完成。在某些情况下，这些电路的一部分是和传感器部件直接相邻的。成型后的信号随后转换数字信号，并输入到微处理器。

传感器承担将某个对象或过程的特定特性转换成数量的工作，其"对象"可以是固体、液体或气体，而它们的状态可以是静态的、也可以是动态（即过程）的。对象特性被转换量化后可以通过多种方式检测，对象的特性可以是物理性质的，也可以是化学性质的，按照其工作原理，传感器将对象特性或状态参数转换成可以测定的电学量，然后将此电信号分离出来，送入传感器系统加以评测或标示。

常将传感器与人类的五大感觉感官相比拟：

光敏传感器——视觉

声敏传感器——听觉

气敏传感器——嗅觉

化学传感器——味觉

压敏、温敏、流体传感器——触觉

与当代的传感器相比，人类的感觉能力好得多，但有一些传感器比人类的感觉功能优越，例如人类没有能力感知紫外线或红外线辐射，感觉不到电磁场或无色无味的气体等。

传感器设定了许多技术要求，有一些是对所有类型传感器都适用的，也有只对特定类型传感器适用的特殊要求，针对传感器的工作原理和结构在不同场合均需要的基本要求是：

（1）高灵敏度：抗干扰的稳定性（对噪音不敏感）。

（2）线性：容易调节。

（3）高精度：高可靠性。

（4）无迟滞性：工作寿命长耐用性。

（5）可重复性：抗老化。

（6）高响应速率：抗环境影响（热、振、动、酸、碱、空气、水、灰尘）的能力。

（7）选择性：安全性（传感器应是无污染的）。

（8）互换性：低成本。

（9）宽测量范围：小尺寸、重量轻和高强度、宽工作温度范围。

根据传感器工作原理，可以分为物理传感器和化学传感器两大类：

物理传感器应用的是物理效应，诸如压电效应，磁致伸缩现象，离化、极化、热点、光电、磁电等效应。被测信号量的微小变化都将转换成电信号。

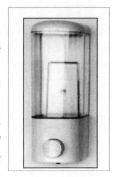

化学传感器包括那些化学吸附、电化学反应等现象为因果关系的传感器、被测信号量的微小变化也将转换成电信号。

在外界因素的作用下，所有材料都会作出相应的、具体的特征性的反应。它们中的那些对外界作用最敏感的材料，即那些具有功能特性的材料，被用来制作传感器的敏感元件。从所应用的材料出发可将传感器分成下列几类：

（1）按照其所用的材料的类别分：

金属、聚合物、陶瓷、混合物。

（2）按照材料的物理性质分：

导体、绝缘体、半导体、磁性材料。

（3）按照材料的晶体结构分：

单晶、多晶、丰晶材料。

新材料的开发总结

与采用新材料紧密相关的传感器开发工作，可以归纳为下列三个方向：

1．在已知材料中探索新的现象、效应和反应，然后使它们能在传感器技术上得到新的突破发展。

2．探索新的材料，应用那些已知的现象、效应和反应来改进传感器技术。

3．在研究新型材料的基础上探索新现象、新效应和反应，并在传感器技术中加以具体的实施。

按照其制造工艺可以将传感器区分为：

集成传感器、薄膜传感器、厚膜传感器、陶瓷传感器四类。

集成传感器是用标准的生产硅基半导体集成电路的工艺技术制造的。通常还将用于初步处理被测信号的部分电路也集成在同一芯片上。

薄膜传感器是通过沉积在介质衬底（基板）上的，相应敏感材料的薄膜形成的。使用混合工艺时，同样可将部分电路制造在此基板上。

厚薄膜传感器是利用相应材料的浆料，涂覆在陶瓷基片上制成的，基片通常是AL2O3制成的，然后进行热处理，使厚模成型。

陶瓷传感器采用相应标准的材料工艺或其某种变种工艺（溶胶、凝胶等）生产。

红外线感应自动给皂机由微电脑芯片控制，红外线探测装置、机电驱动系统组成，是集机－光－电为一体的高科技新产品，性能可靠，使用寿命是普通给皂机的五倍，耗电低等许多优点。

给皂机的发展史

它是随着人类文明的发展、健康意识的发展、消费水平的提高和科学技术的不断发展而相应的迅速发展起来的。

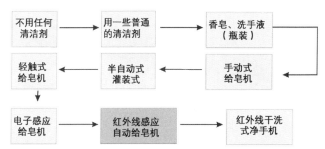

红外线干洗式净手机为新产品，配合机手使用的是干洗式清洁液，此清洁液含70%～75%酒精(乙醇)成分，其显著的杀菌功能是肥皂的数百倍，可持续抗菌6小时。此款净手机使用非常方便，只需把双手置于净手机下5mm处，净手机会自动感应给出清洁液，轻轻搓揉后酒精迅速挥发，整个过程避免了手去接触水龙头，不必擦干，大大减少了细菌感染的机会。洗手液内含润肤剂，不会使皮肤干燥，特别适合用于办公楼门口、宾馆、酒店大厅，不必到洗手间洗手消毒。

红外线感应自动给皂机适应场所广泛：

红外线自动皂液机，智能红外线感应装置，避免用手接触，防止交叉感染，采用精密集成电路技术，结构设计独特，是家庭、宾馆、浴室、化妆室、医院病房、学校及公共场所、餐饮业厨房必备的洁具。用 4 × 1.5V 干电池，低能耗、安全、通用、方便，确保长时间使用。适用于各种皂液、洗发精或其他清洁剂。

红外线感应自动给皂机使用操作步骤：

红外线感应给皂机安装简便，有即安即用的特性，无须凿墙安装。部分给皂机还安有防盗系统。红外线感应给皂机使用方法简单方便。

1．当手放在感应区范围内时，给皂机将自动给皂。

2．当手离开感应范围时，给皂机将自动关闭。

给皂机现存市场上有以下几种产品：

1．根据给皂方式分为：

机械瓶装给皂机、手动式给皂机、电子感应片给皂机、红外线感应自动给皂机。

2．根据产品的造型分为：

卡通个性化的给皂机、大众化给皂机、时尚型给皂机。

3．根据材料的运用分为：

油印式给皂机、ABS 塑料、不锈钢拉丝材料、透明塑料(PP)等。

机械瓶装给皂液：是依靠气压产生压强使瓶中的洗手液压出来，具有手动功能，一般产品为一次性的。

1. 如图所示，打孔，安装所附图形螺钉，固定安装板。

2. 将给皂器固定板导向槽口，由上面下插入。

3. 若要安装防盗装置，请按壁上的两孔中，插入两防如图所示，在电池盒位置，盗销、且于壁平，以免影响电池盒的装入，最后按图装入电池盒。

4. 当手伸到感应范围时，给皂机自动给皂。

5. 当手离开感应范围时，给皂机自动关闭。

优点：经济廉价。

缺点：浪费材料，手动按压对细菌有两次交叉传播的机会，造型较单一。

改进方案：吸收廉价成本和机械传输原理改变造型创造新的卖点。

手动式给皂机：是瓶装洗手液的发展，它将洗手液产品更加家用产品化，它将外型设计与内部结构得到较好的结合。

优点：价格稍高于瓶装洗手液，在不同的公共场所，均可以灌注不同香味，牌子的洗手液，可以长时间使用寿命较长。

缺点：手按式可靠性不强，细菌有传播的可能。

改进方案在原有的造型上，追加一些科技含量，使其更具有实用价值。

1

2

3

4

1 挂壁式安装，透明塑料(PP)制造。只需轻轻一按，皂液(洗手液)自然而出，简单、方便、美观、经济实用，是居家、公共场所理想的配套产品。适用于酒店、宾馆、家居使用、是您追求高贵、典雅生活的理想选择！

2 本产品采用 ABS塑胶制成，按键边缘采用镀铬材料更显高贵、典雅气派。容量 400ml，并有各种不同的颜色及规格供客户选择，适用于各种家居、酒店、宾馆、会所娱乐场所等公共场所。

3 此款是新上市的产品，此皂液器样式小巧，非常适合家居生活，容量600ml 客户可以根据需求量的多少来选择一位、两位、三位的皂液器，而且有多种颜色款式供客户选择。

4 邦尔手动皂液器，该机设计独特，流线型外壳美观大方，双透明机身便于观察洗手液的使用情况，大按钮使用舒适方便，可同时供两人使用，皂液用完可反复添加，既经济又实用，挂于洗手间、卫生间既美化环境又可通过洗手去除细菌、有效避免细菌交叉感染，是酒店、宾馆、会所、家居、办公室、娱乐场所及各公共场所卫生间必备的卫浴设施。

电子感应给皂机：它是依靠机器中的电子感应片对人体噪波感应，传到控制器，刺激装置自动给皂液。其中总量为400～500ml、每次流量为5ml。内部结构装置对时间控制上也很严谨，它包括壁挂式和台式两种产品。其产品特性为性能可靠、寿命长、自动滴出肥皂液，避免了交叉感染病毒，对大众的健康提供了很好的保障。

本产品内部采用电子感应设备，您只需轻轻把手放在皂液器下，它就会感应到，并自动滴出肥皂剂。有其他的颜色及规格。

本产品外部采用ABS塑胶、内采用电子感应设备，只需把手放在皂液器下，它便可感应到，并滴出肥皂剂。本产品采用座式，可以放在台面上。有其他的颜色及规格。

功能与特点：

① 防盗：防盗销的设置，有效达到防盗作用。

② 节省：使用感应器，每感应一次自动给皂约0.8cc。

③ 静耗：静态电流≤30VA。

④ 适合各种皂液：如液体皂、润肤液、洗发精、清洗剂等。

红外线自动感应给皂液机是高科技电子产品，采用红外线自动感应装置，使用随心所欲、安装方便，是科技和智慧的结晶，适合液体皂、润肤液、洗发精、清洗剂等皂液。产品电源有直流干电池和交流电两种方式可供选择。是酒店、宾馆、公司、工厂及家居清洁的好帮手。

性能可靠：正常运作10万次以上；电子防雾防水技术；智能化微电脑控制。

品质保证：国外研制及进口原器件。

绿色环保：自动感应，彻底取代瓶装洗剂，有效防止细菌交叉感染。

创新增效：节省瓶装包装成本，避免洗剂浪费。

高档美观：外型设计大方，是家庭、酒店、宾馆使用的时尚精品。

技术参数：

电源：DC6V（4节5号电池）/AC220V/AC110V

内部容量：500ml

电池更换周期：正常使用3月以上

产品颜色：绿色、粉红、蓝色、咖啡色。

技术指标参数：

① 供电电源：4节5号碱性电池（DC4.5－6V）

② 静态功耗：≤0.5mW

③ 重量：500g

④ 容量：500cc

通过红外感应器识别伸到海豚嘴巴下面的手掌，会自动接到2～3滴洗手液，避免细菌交叉传播。造型新颖、别致、独到、美观。颜色可根据客人要求调整。使用4节AA干电池。

对市场现存产品图解分析：

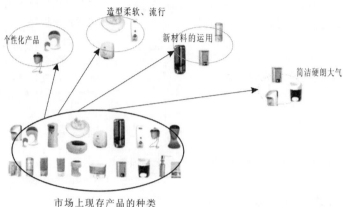

市场上现存产品的种类

现有产品除了在功能上划分为手动、半自动、自动感应外；在设计风格上分为个性化、柔软流行、简洁大气硬朗等。

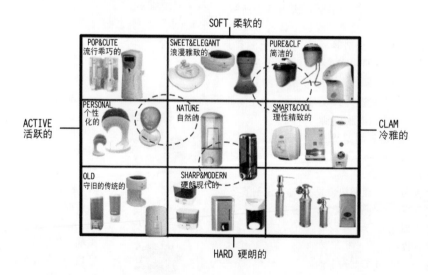

以上图解分析是将市场现存产品进行整合、归纳、分析。通过对产品的设计风格、色彩运用、材料以及工艺的运用等方面划分。从中定位产品开发方向为简洁、硬朗、现代、个性化的设计定位。主要市场目标为欧洲消费人群。

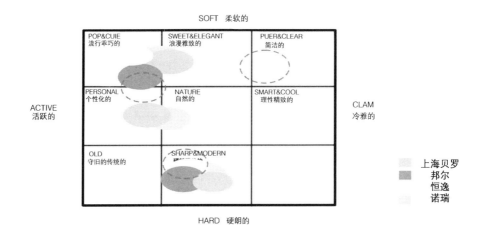

经过对四家生产商家的产品风格分析，大部分处在流行乖巧型、硬朗现代型和部分个性化风格的设计。经过深入分析和设计组讨论将设计定位为造型简洁大气、线条硬朗、色彩或材料上采用流行原则，打造市场上造型简洁的缺口，其买点就是：

人、机、环境的关系示意图

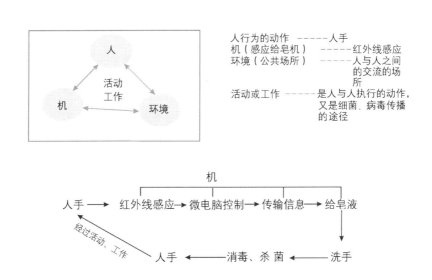

市场分析变量定位描述折线图

变量					
性别	男			女	
年龄	2～10岁	11～16岁	16～29岁	30～60岁	60岁以上
	儿童	少年	青年	中年	老年
性格	内向	外向		前卫	保守
婚姻	未婚	已婚		离异	独身
职业	工人 学生 教师	公务员	管理人员	服务人员 行政人员	医生 专业人员
月均收入	600元以下	600~1000元	1000~3000元	3000~5000元	5000元以上
生活习惯	节俭型	邋遢型	高节奏型	爽快干净型	养生型
工作方式	脑力		体力		脑体结合
受教育程度	初中	高中	大专	本科	本科以上
洗手使用清洁品	香皂、肥皂	洗手液（瓶装）	消毒洗手	溶剂	其他
每天洗手频率	三餐前	三至五次之间		非常频繁	
给皂机使用	没听说过	偶尔用过	经常用（低端）	非常频繁	
给皂机的种类	手动式	手动式双头	电子感应式	红外线感应式	
给皂机使用的场所	洗手间	家庭厨房	餐厅 宾馆	公共场所	
给皂机的造型	中式传统	欧式	个性化	复古式	
给皂机的材料	普通材料（ABS）	不锈钢拉丝结合其他材料	质量好的材料	特定材料	
给皂机的色彩	淡雅	鲜艳	温馨	其他	
给皂机的性能	普通性能	高性能抗干扰	特定性能		

问卷调查表

1. 性别：　　　● 男　　　　　● 女
2. 年龄：　　　● 2～15 岁　　● 16～25 岁　　　● 26～40 岁　　● 40 岁以上
3. 婚姻：　　　● 未婚　　　　● 已婚　　　　　● 离异
4. 文化程度：● 初中　　　　● 高中　　　　　● 大学　　　　● 大学以上
5. 职业：　　　● 工人　　　　● 农民　　　　　● 医生　　　　● 教师
　　　　　　　● 公务员　　　● 行政人员　　　● 科技人员　　● 服务人员
6. 工作方式：● 脑力　　　　● 体力　　　　　● 脑体结合
7. 平均家庭收入：
　　　　　　　● 600 元以下　　　　　　　　● 600～1000 元
　　　　　　　● 1000～3000 元　　　　　　● 3000 元以上
8. 每天用给皂机的频率：
　　　　　　　● 三餐之前　● 3～5 次　　　　● 非常频繁
9. 购买给皂机的价格：
　　　　　　　● 50 元以下　● 50～100 元　　● 100～250 元　● 250 元以上
10. 喜欢给皂机的种类：
　　　　　　　● 手动式　　　● 电子感应　　　● 红外线感应
11. 喜欢给皂机的造型：
　　　　　　　● 大众型　　　● 时尚型　　　　● 个性化　　　● 复古型
12. 购买给皂机所选颜色
　　　　　　　● 淡雅　　　　● 鲜艳　　　　　● 温馨　　　　● 根据环境搭配
13. 购买给皂机所选档次：
　　　　　　　● 普通型　　　● 多功能型　　　● 高档型　　　● 其他
14. 您对市场上给皂机的满意度：
　　　　　　　● 不满意　　　● 不很满意　　　● 满意　　　　● 很满意
15. 您对现在市场上的给皂机还有什么看法和建议？

市场上各大品牌比较直方图

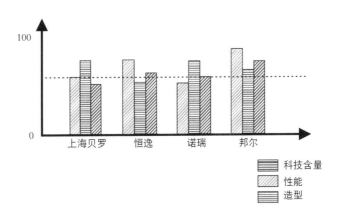

市场上各大品牌比较折线图(1—5分)

	1	2	3	4	5
造型					
色彩					
价格					
性能					
科技含量					
人性化					
体积					
实用性					

● 诺瑞
● 上海贝罗
● 邦尔
● 恒逸

用户偏好程度分析(1—5分)

	造型	色彩	价格	性能
分值	4	3	5	4
	科技含量	人性化	材料	其他
分值	3	3	4	2

红外线感应给皂机设计散点定位图

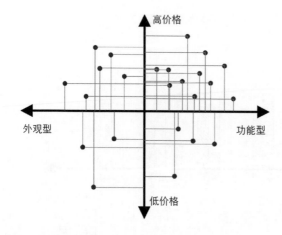

语义形态分析——雷达图（一）

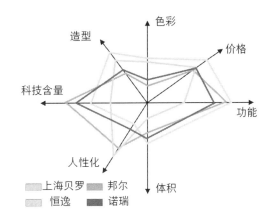

色彩

价格

造型

功能

科技含量

人性化

体积

■ 上海贝罗　■ 邦尔
■ 恒逸　　　■ 诺瑞

语义形态分析——雷达图（二）

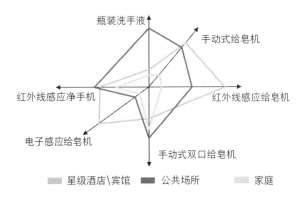

瓶装洗手液

手动式给皂机

红外线感应净手机

红外线感应给皂机

电子感应给皂机

手动式双口给皂机

■ 星级酒店\宾馆　■ 公共场所　■ 家庭

红外线感应给皂机使用场所调查分析

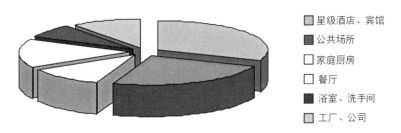

■ 星级酒店、宾馆

■ 公共场所

□ 家庭厨房

□ 餐厅

■ 浴室、洗手间

■ 工厂、公司

星级酒店、宾馆　56%　　公共场所　45%　　家庭厨房　21%　　餐厅　28%　　浴室、洗手间　14%　　工厂、公司　18%

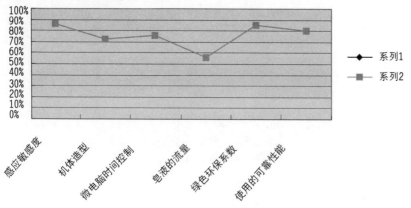

人们对红外线感应给皂机满意度分析

红外线感应自动给皂机

感应敏感度　86%　　机体造型　72%　　微电脑时间控制　76%　　皂液流量　56%　　绿色
环保系数　85%　　使用的可靠性　80%

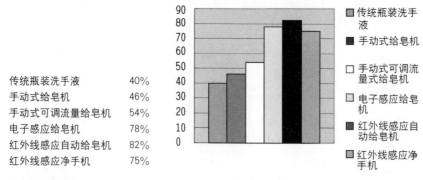

各类给皂机喜好程度统计表

传统瓶装洗手液	40%
手动式给皂机	46%
手动式可调流量给皂机	54%
电子感应给皂机	78%
红外线感应自动给皂机	82%
红外线感应净手机	75%

图例：传统瓶装洗手液，手动式给皂机，手动式可调流量式给皂机，电子感应给皂机，红外线感应自动给皂机，红外线感应净手机

文字定位分析：

　　经过前期调研与后期的具体分析发现，在高度发展的21世纪，病毒、细菌的猖狂给人类带来了很多麻烦，"非典"、"禽流感"等高频率的流动传播、交叉感染等，这就提高了人们平时对病毒、细菌传播的提防。洗手这个动作在人们中间每人每天高度频繁的重复着。让人们时刻注意到"病从口入，毒从手传"的道理。红外感应技术自动给皂（即洗发、洗浴、洗手等液体洗涤剂），勿需手动，真正地防止了人们接触公共用具引起的病菌的交叉感染，有利于身体健康，又能提高生活的品位和质量，还可避免使用香皂等带来易泡水、易碎块、易感染及污染等弊病，更是一种低投入、高回报的新型健康产品。它可以还给大家一双清洁干净的手，一个健康的体魄。

　　红外线感应自动给皂机定位使用的场合主要是流动性大的公共场所、星级酒店、宾馆等。

　　红外线感应自动给皂机定位的主要功能为消毒、杀菌。

具体的设计思维拓展：

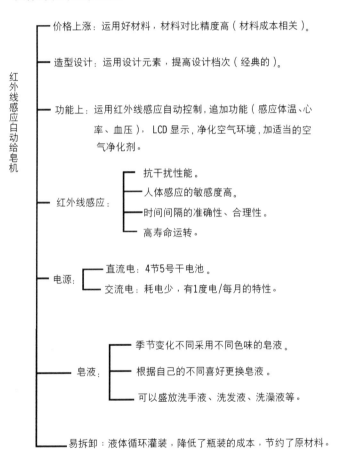

红外线感应自动给皂机

价格上涨：运用好材料，材料对比精度高（材料成本相关）。

造型设计：运用设计元素，提高设计档次（经典的）。

功能上：运用红外线感应自动控制，追加功能（感应体温、心率、血压），LCD 显示，净化空气环境，加适当的空气净化剂。

红外线感应：
- 抗干扰性能。
- 人体感应的敏感度高。
- 时间间隔的准确性、合理性。
- 高寿命运转。

电源：
- 直流电：4节5号干电池。
- 交流电：耗电少，有1度电/每月的特性。

皂液：
- 季节变化不同采用不同色味的皂液。
- 根据自己的不同喜好更换皂液。
- 可以盛放洗手液、洗发液、洗澡液等。

易拆卸：液体循环灌装，降低了瓶装的成本，节约了原材料。

设计说明

　　设计构思：本系列设计思路源于点、线、面的合理组合，运用直线与曲线结合，硬中有柔、赋予产品硬朗、大气的气派。通过不同材质的运用得到很好的对比效果，达到了点、线、面三者重组、排列、整合，从而得到新的设计创意。使整个设计系列协调深入的理性分析。达到客户的认可。其次，系列产品针对解决当前非典、禽流感，关爱人类健康，用设计的产品来解决身边的问题。

　　设计特点：本设计改变了以前手动式给皂机的弊端避免了交叉感染，使病毒、细菌传染的途径得到完美的切断。本产品利用红外线感应自动给皂，更加卫生方便。安装简便，即安即用；采用直流电4节5号干电池，耗电少；红外线抗干扰能力强，避免了一些原有产品的麻烦。采用精密集成电路技术，结构设计独特，安全、通用、方便，确保长时间使用。适用于各种皂液、洗发精或其他清洁剂。

　　目标市场：星级宾馆、酒店，人流量大的公共场合，家庭(年轻家族老年)。

二、草图设计

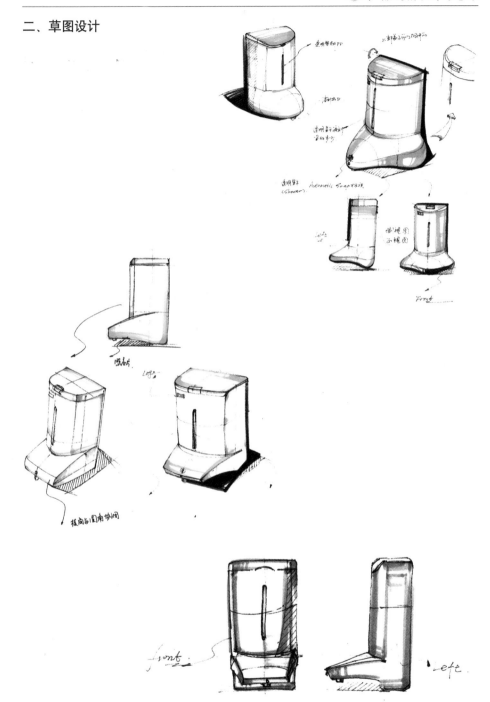

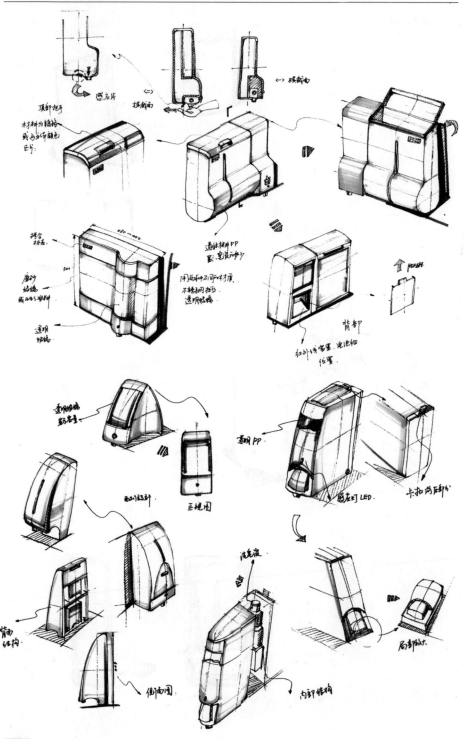

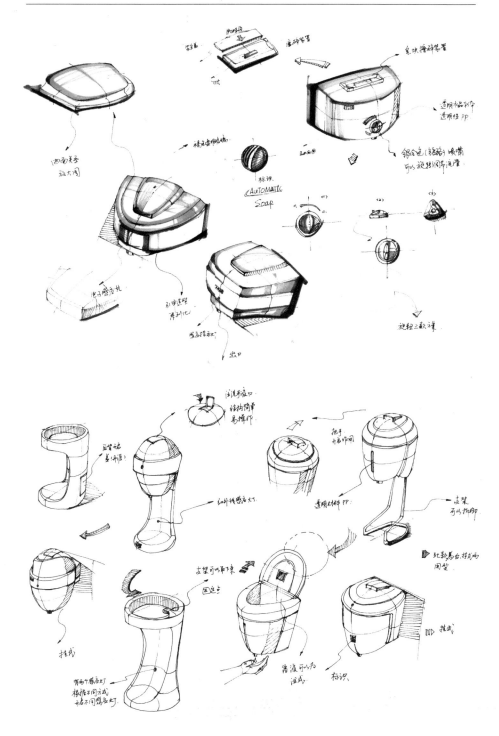

三、效果图设计

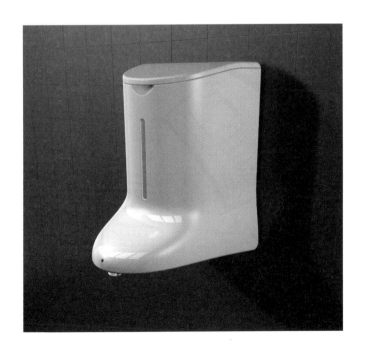

第七章 产品设计图例

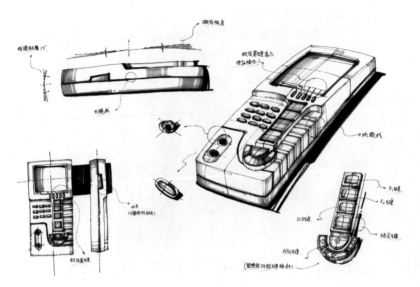

图 7-1

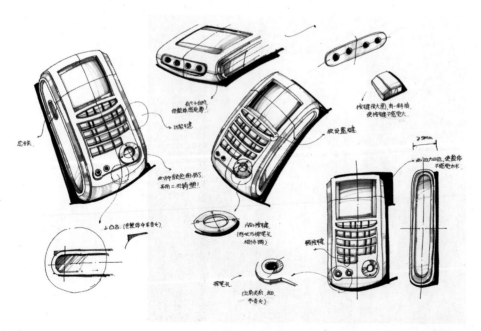

图 7-2

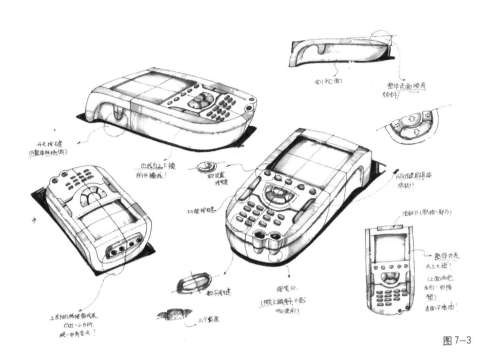

图 7-3

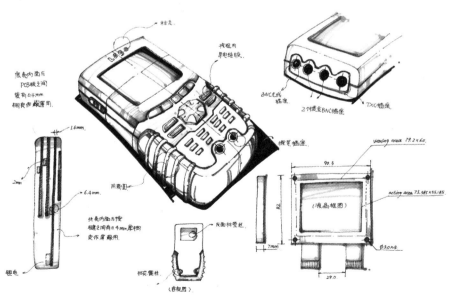

图 7-4

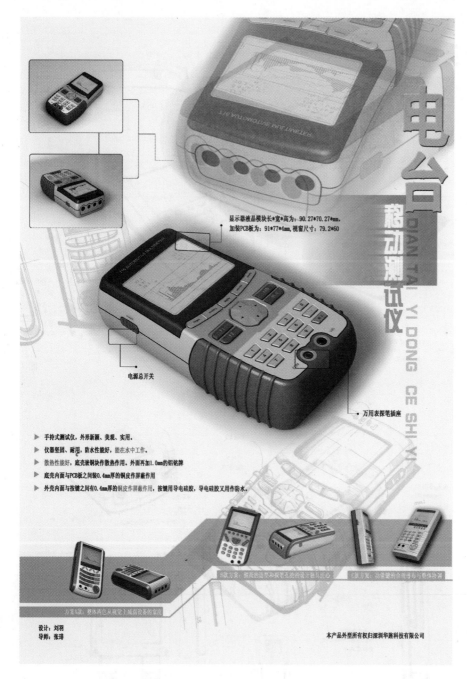

显示器液晶模块长*宽*高为：90.27*70.27*mm，
加装PCB板为：91*77*4mm，视窗尺寸：79.2*60

电源总开关

万用表探笔插座

▶ 手持式测试仪，外形新颖、美观、实用。

▶ 仪器坚固、耐用，防水性能好，能在水中工作。

▶ 散热性能好，底壳嵌铜块作散热作用，外面再加1.0mm的铝铭牌

▶ 底壳内面与PCB板之间装0.4mm厚的铜皮作屏蔽作用

▶ 外壳内面与按键之间有0.4mm厚的铜皮作屏蔽作用，按键用导电硅胶，导电硅胶又用作防水。

设计：刘羽
导师：张玮

本产品外型所有权归深圳华旌科技有限公司

图 7—5

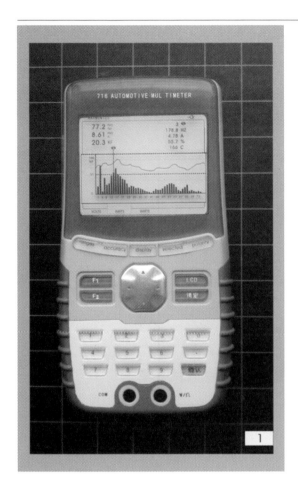

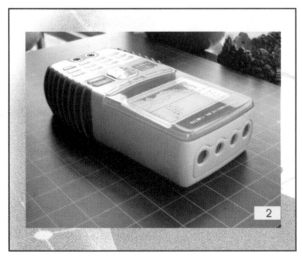

图 7-6（一）

1．测试仪正视图

2．测试仪的接线孔

图 7-6(二)

3. 总控制开关

4. 测试效果

5. 俯视图效果

6. 万用表侧笔孔位置

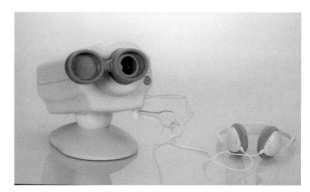

图 7-7　视保仪　设计：刘萍

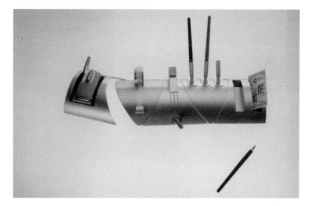

图 7-8　办公用品　设计：唐琳

图 7-9　热力表　设计：赵昆

● 丰田Scion XB车目标消费群是年轻一族，该车拥有四四方方的外形和锋利的棱角，具有很强的个性特征。见丰田 Scion XB车（A）、(B)图。

图 7—10　丰田 Scion XB(A)

图 7—11　丰田 Scion XB(B)

● TOYOTA 环保汽车模型设计

图 7—12

图 7—13

图 7—14
丰田新型环保汽车设计

图 7—15
丰田新型环保汽车设计

图 7—16
丰田新型环保汽车设计

图 7—17

● 丰田福利保健车设计

图 7—18

图 7—19

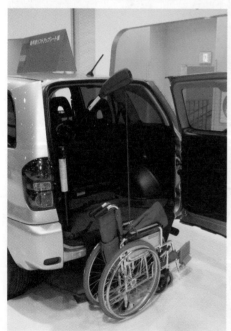

图 7—20

图 7—21 威克布（丰田福利保健车设计）

图 7—22　丰田概念车设计

图 7—23

图 7—24

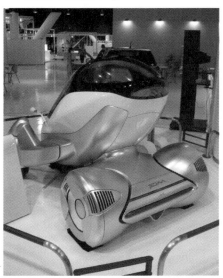

图 7—25

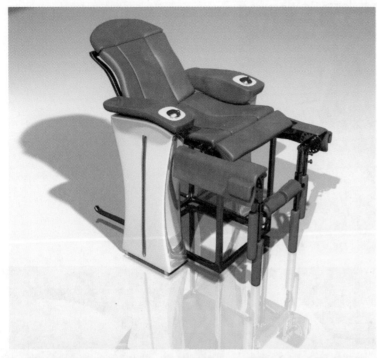

图 7-26 可调
式股四头肌康复
训练器
设计：刘咏

图 7-27 髋关
节康复训练器
设计：关玲荣

图 7-28　迷你打气筒设计
设计：刘寅

条形图分析

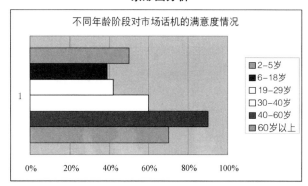

语义形态分析——雷达图

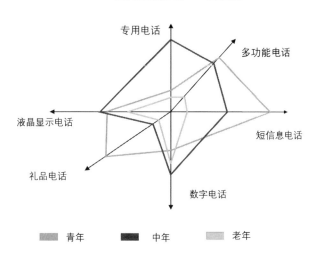

电话机市场满意度竞争分析

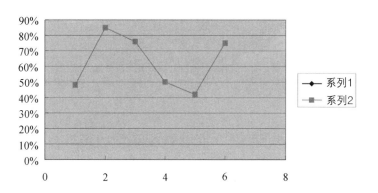

图 7—29

旅行背包
设计：陈燕

图 7—30

图 7-31

图 7-32

图 7-33 踝关节康复训练器
设计：杨登

图 7-34　婴儿背椅设计
设计：洪晓萍

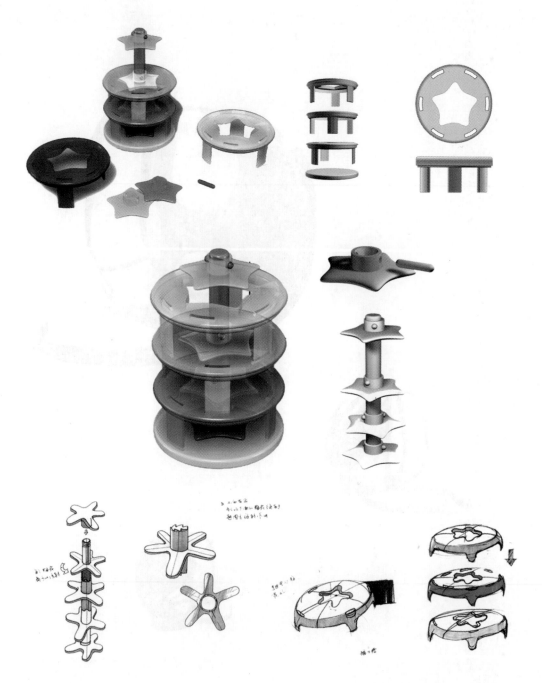

图 7-35　轻微脑瘫病人康复训练器
设计：陈敏

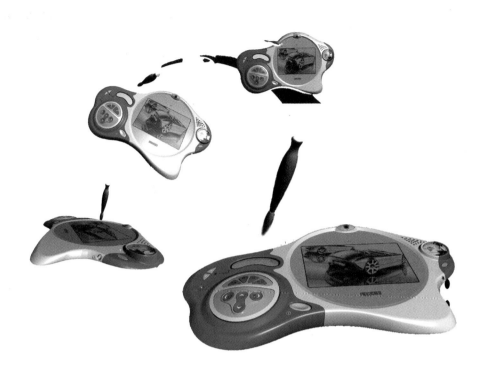

图 7-36　多功能手写板设计
设计：王丽娟

参考文献

1. 《新产品开发》MBA 必修核心课程编译组编译，中国国际广播出版社

2. 《科技以人为本》文逸编著　中华工商联合出版社

3. 《工业设计师安全手册》黄伟著　岭南美术出版社

4. 《创新与思维》杨名声、刘奎林著　教育科学出版社

5. 《设计文化论》柳冠中著　黑龙江科学技术出版社

6. 《建立新型的教育体系，发展中国的艺术设计教育事业》李砚祖

7. 《设计启示》柳冠中主编　香港华夏艺术出版公司

8. 《市场调研》保罗·海格，彼德·杰克逊［英］中国标准出版社

9. 《产品设计原理》李亦文编著　化学工业出版社

10. 《工业设计方法学》简召全主编　北京理工大学出版社

11. 《产品设计》张展、王虹编著　上海人民美术出版社

12. 《价值分析》刘吉昆编著　黑龙江科学技术出版社